KB183930

어마어마한 **지구**와
이토록 놀라운 **사람**들

UN MUNDO INMENSO
by Paula Antonella Grossollano
(c) Edicions 62, S.A.
Arranged by Icarias Agency
Translation copyright © 2023 Rollercoaster Press

이 책의 한국어판 저작권은 Icarias Agency를 통해 Edicions 62, S.A.와 독점 계약한 롤러코
스터 출판사에 있습니다. 저작권법에 의하여 한국 내에서 보호를 받는 저작물이므로 무단전
재와 복제를 금합니다.

어마어마한 지구와 이토록 놀라운 사람들

존재하지 않는 나라에서 탄생이 금지된 섬까지
세계에서 가장 특별한 장소 30곳

초판 1쇄 발행 2025년 2월 5일

지은이 디에고 브리아노·안토넬라 그로솔라노·프란시스코 요렌스
옮긴이 김유경 | 감수 최선을 다하는 지리 선생님 모임 | 편집 김정희
펴낸이 임경훈 | 펴낸곳 롤러코스터 | 출판등록 제2019-000296호
주소 경기도 고양시 덕양구 으뜸로 110, 102-608
전화 070-7768-6066 | 팩스 02-6499-6067 | 이메일 book@rcoaster.com
제작 357제작소

ISBN 979-11-91311-59-4 03980

어마어마한 **지구**와 이토록 놀라운 **사람**들

존재하지 않는 나라에서
탄생이 금지된 섬까지
세계에서 가장 특별한 장소 30곳

디에고 브리아노·안토넬라 그로솔라노·프란시스코 요렌스 지음
김유경 옮김 | 최선을 다하는 지리 선생님 모임 감수

이 책을 가능하게 해주신
유튜브 구독자 여러분께 감사드립니다.

스발바르 제도
12

페로제도
76

오이먀콘
124

시랜드
132

바를러
64

트란스니스트리아
40

투르크메니스탄
170

지브롤터
108

구룡채성
162

소코트라 섬
48

노스센티널섬
18

미징고섬
186

쿠버페디
212

북

서 동

남

남극대륙
194

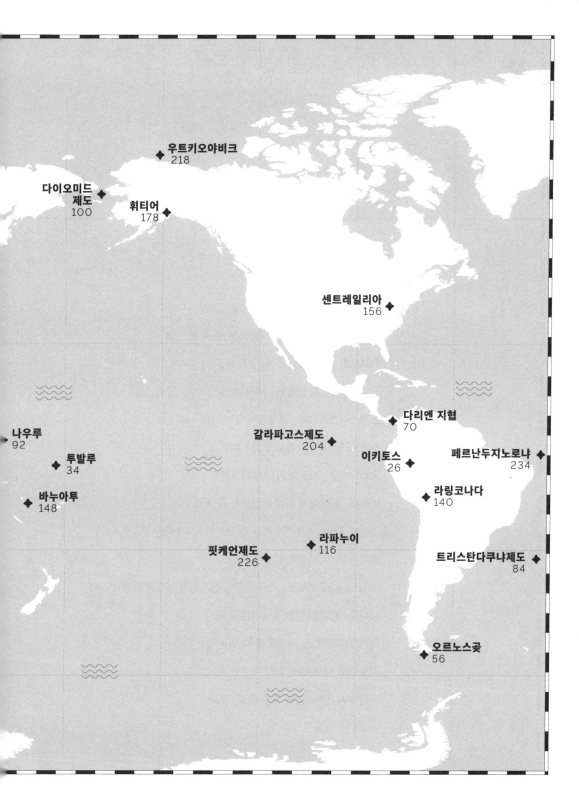

차
례

서문 · 10

1장   **스발바르제도** _ 죽음이 금지된 땅 · 12

2장   **노스센티널섬** _ 세계에서 가장 고립된 부족 · 18

3장   **이키토스** _ 육로로 갈 수 없는 도시 중 세상에서 가장 큰 내륙 도시 · 26

4장   **투발루** _ 복권에 당첨된 나라 · 34

5장   **트란스니스트리아** _ 존재하지 않는 나라 · 40

6장   **소코트라섬** _ 다른 행성의 섬 · 48

7장   **오르노스곶** _ 지구상 가장 위험한 항로 · 56

8장   **바를러** _ 세계에서 가장 복잡한 도시 경계 · 64

9장   **다리엔 지협** _ 세계에서 가장 긴 도로가 끊기는 곳 · 70

10장   **페로제도** _ 가장 놀라운 군도 · 76

11장   **트리스탄다쿠냐제도** _ 지구상 가장 접근하기 어려운 거주지 · 84

12장   **나우루** _ 잘못된 결정이 내려진 섬 · 92

13장   **다이오미드제도** _ 미래를 볼 수 있는 곳 · 100

14장   **지브롤터** _ 유럽에서 가장 이상한 곳 · 108

15장   **라파누이** _ 계속 발견 중인 문명 · 116

16장   **오이먀콘** _ 세상에서 가장 추운 마을 · 124

17장   **시랜드** _ 국가의 조건을 고민하게 만드는 '나라' · 132

18장   **라링코나다** _ 세상에서 가장 높은 도시 · 140

19장   **바누아투** _ 설명할 수 없는 나라 · 148

20장   **센트레일리아** _ 반세기 동안 불타고 있는 마을 · 156

21장   **구룡채성** _ 홍콩의 무정부 디스토피아 · 162

22장   **투르크메니스탄** _ 세상에서 가장 폐쇄적인 나라 · 170

23장   **휘티어** _ 거의 모두가 같은 건물에 사는 마을 · 178

24장   **미징고섬** _ 세계에서 가장 인구가 많은 섬 · 186

25장   **남극대륙** _ 그 누구의 것도 아닌 대륙 · 194

26장   **갈라파고스제도** _ 진화의 역사를 증명하는 생물들의 낙원 · 204

27장   **쿠버페디** _ 지하 마을 · 212

28장   **우트키오야비크** _ 미국의 최북단 도시 · 218

29장   **핏케언제도** _ 세계에서 인구가 가장 적은 '나라'? · 226

30장   **페르난두지노로냐** _ 탄생이 금지된 섬 · 234

참고 자료 · 240

서문

지구의 인구는 날마다 조금씩 늘어나 80억을 넘어셨다. 그리고 전 세계 인구의 3분의 1이 넘는 36%가 중국과 인도 두 나라에 집중되어 있다.

이제 아무리 멀리 떨어진 곳이라고 해도 그곳 사람들이 살아가는 모습을 알 수 있다. 만일 시골에 산다면 도시의 문제들에 관심이 갈 것이다. 인구밀도가 높은 도시에 산다면 관광지인 열대 섬을 살펴볼 것이다.

오늘날에는 정보통신기술의 발달로 다른 지역에서 전해오는 소식과 사진을 받아볼 수 있지만, 그렇다고 지구의 구석구석을 샅샅이 다 알 수 있는 건 아니다. 그건 불가능한 일이다.

전 세계에 널리 퍼진 관습이나 브랜드, 소비 패턴 등이 있는 것도 사실이나 동시에 이와 반대되는 특징들도 공존하기 마련이다. 작은 장소들에는 자체 게임 규칙이 있는 듯 보인다. 지리와 역사, 기후, 경제, 교통, 천연자원과 우연성이 결합해 독특한 환경을 만든다.

일확천금을 꿈꾸며 몰려든 사람 수천 명이 사는 해발 고도 5000m가 넘는 마을, 6만 년 전부터 사람이 살았고 모든 외부 접촉을 격렬하게 거부하는 섬, 주권이 없는 대륙, 아무것도 안 해도 연간 수입의 10%가 그냥 들어오는 나라, 지구상에서 가장 접근하기 어려운 거주지 등 다양한 모습이 나타난다.

우리는 이런 평범하지 않은 모습에 매료돼 그런 곳들을 조사하기 시작했다. 우리의 도전은 이런 불가사의한 장소들을 사람들에게 소개하는 것이었다. 우리가 누리는 안락함과는 거리가 멀고,

쉽게 근접할 수 없는 기온에다, 가려면 다른 사람이 사는 곳에서 며칠씩 걸리는 등 극한 상황인 곳들이 있는데, 언뜻 봐서는 그곳 사람들이 무엇을 하며 사는지 알기가 어렵다.

그래서 우리는 기존에 모아둔 정보를 활용해 시청각 자료를 만들기 시작했다. 그렇게 2018년, 유튜브 채널인 〈어마어마한 세상Un Mundo Inmenso〉이 탄생했다.

시간이 지나면서 우리는 이 이야기를 전할 다른 매체들을 찾아봐도 좋을 것 같다는 생각이 들었다. 그러면서 이 책을 만들자는 의견이 나왔고, 처음부터 출간 작업에 기대가 컸다. 무엇보다도 우리가 책 읽는 것을 좋아하고, 이 장소들의 이야기가 책으로 출판될 가치가 충분하다고 생각했기 때문이다.

앞으로 각 장에서 별로 알려지지 않은 장소들에 관한 이야기를 나눌 것이다. 한 번도 들어보지 못한 지명들이 나올 수도 있다. 올림픽 개막식 참가국 소개에서나 볼 수 있는 나라들도 있을 것이다. 국가 기능은 수행하고 있더라도 국제적으로 잘 알려지지 않은 나라들도 있다.

우리가 이야기하려는 장소가 우리 주변 나라들과 다른 것처럼, 우리는 무언가 색다른 책을 만들어보기로 했다. 이런 독특한 환경을 더욱 잘 알리고 설명하기 위해서 글과 함께 사진과 그래픽을 실었다.

지구 인구가 80억을 넘어선 지금 이 순간에도 일부 주민과 섬, 마을은 그들만의 고유하고 특별한 정체성을 유지하고 있다. 그들이 바로《어마어마한 지구와 이토록 놀라운 사람들》을 이룬다.

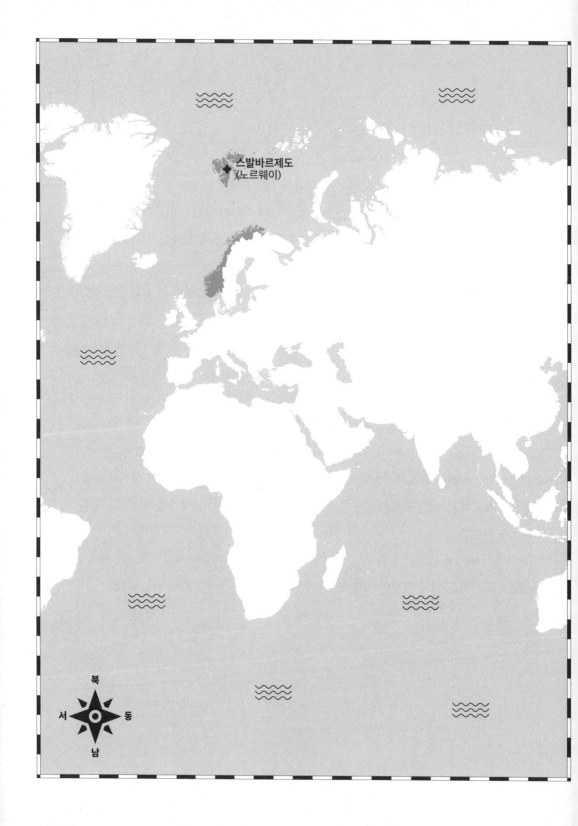

1장

스발바르제도

죽음이
금지된 땅

북극곰이
사람보다 많다

북극에서 가장 가까운
거주지다

탄생과 죽음이
허용되지 않는다

 발바르제도는 지도를 메르카토르 도법*으로 그릴 때 유리한 장소 중 하나다. 북극과 너무 가까워서(약 1100km) 일부 평면구형도에서는 실제보다 더 크게 보일 수 있기 때문이다. 이것은 그린란드에서 벌어지는 면적 왜곡과 비슷하다.

이 군도의 면적은 6만km²가 넘는다. 아주 넓은 건 아니지만 코스타리카나 크로아티아 같은 나라들보다는 크기 때문에 아주 작은 섬들이라고 할 수는 없다. 스발바르제도는 작다는 형용사를 제외한 다른 여러 형용사와 잘 어울린다. 지리와 기후 조건뿐만 아니라, 역사와 법률 등 모든 면에서 독특한 곳이기 때문이다.

* 16세기 네덜란드 지리학자 메르카토르가 고안했다. 대항해시대 항해사들이 지도를 통해 특정 항로의 정확한 각도를 알 수 있도록, 고위도로 가면서 경선 간격이 확대되는 정도에 비례하여 위선 간격도 확대했다. 적도 부근 저위도 지역은 실제 면적과 유사하지만, 고위도로 갈수록 면적이 점점 커진다. 따라서 고위도에 위치한 스발바르제도는 실제 면적에 비해 매우 확대되어 그려진다.
(본문의 모든 각주는 '옮긴이 주'이다.)

이곳은 노르웨이에 속하며 본토에서 800km 떨어져 있다. 이곳의 정착지 중 한 곳인 뉘올레순Ny-Ålesund에는 약 30명이 거주하고 있는데, 지구상 최북단 민간인 거주지라는 기록을 보유하고 있다. 또한 약 500명이 거주하는 바렌츠부르크Barentsburg와 2000명 이상 거주하는 행정 중심지인 롱위에아르뷔엔Longyearbyen도 이 군도의 또 다른 정착지다.

스발바르제도는 북위 74~81°에 자리 잡고 있다. 이 극단의 환경을 이해하려면 남극반도와 비교해보는 것도 좋을 것 같다. 남극반도는 남위 63° 정도에 있는 지역으로 이 노르웨이 섬들보다 극지방에서 더 멀리 떨어져 있다.

최북단의 위치에도 불구하고
여름에는 5~7℃까지
오를 수도 있다.

2,500
거주인구 　(단위: 명)

3,000
북극곰 　(단위: 마리)

7°C 여름　-20°C 겨울

‘스발바르’라는 단어는 ‘차가운 해안’이라는 뜻으로 이 것에 대해서는 많은 설명이 필요하지 않을 것 같다. 하지만 난류인 북대서양 해류 덕분에 수온이 적당하게 유지되기 때문에 1년 중 대부분은 물 위를 항해할 수 있다. 겨울철 평균기온은 보통 영하 20℃를 넘지 않고, 여름에는 보통 5~7℃까지 오를 수도 있다. 참고로 비슷한 위도에 있는 다른 지역들은 더 추운 편이다.

이곳은 공식적으로 1596년에 발견됐다. 네덜란드 항해사인 빌렘 바렌츠Willem Barents 가 이끌던 원정대가 이곳을 발견했는데, 몇 달 후 그는 북극에서 목숨을 잃고 말았다. 그후 이곳에서 포경 산업이 발전하기 시작해 100년 동안이나 지속됐다. 그리고 19세기 말 이곳은 또다른 경제 활동 가능성 덕분에 사람들의 관심을 끌게 됐다. 석탄이 수백 명의 사람을 끌어들인 것이다.

1920년 노르웨이가 이 영토에 대한 주권을 획득했는데, 러시아와 영국도 이곳의 영토 소유권을 주장했다. 제1차 세계 대전 종전 협정이 체결된 후 14개국이 파리에 모여 '스발바르 조약'에 서명했으며 이후 후속 비준을 통해 46개국이 추가로 여기에 서명했다.

이 협정은 노르웨이에 몇 가지 조건을 제시했다. 예를 들어 국영기업은 특혜를 받을 수 없고, 모든 서명 국가가 천연자원에 접근할 수 있다. 그 결과 여러 나라의 기업들이 스발바르에 정착했고, 특히 러시아는 이곳에서 꾸준히 존재감을 드러내고 있다. 일반인들도 이곳에 지속적으로 관심을 보이는데, 서명국의 모든 시민은 비자나 특별 허가 없이 이곳에 정착할 수 있고, 오슬로에서 태어난 사람과 같은 권리를 갖기 때문이다.

한편 이 조약에는 노르웨이가 불공정한 경제적 이득을 얻기 위한 세금 징수는 할 수 없다는 내용이 추가됐다. 그래서 세금은 지방정부 운영 비용으로만 쓸 수 있을 정도로 낮다. 또한 군사기지 없는 영토로 하자는 합의가 지금까지 유지되고 있다.

현재 여기서 가장 큰 볼거리 중 하나는 동물군이다. 고래와 돌고래, 바다표범, 바다코끼리 등 20여 종의 해양 포유류가 이곳에 산다. 그러나 뭐니뭐니 해도 이곳의 위대한 상징은 바로 북극곰이다. 총 3000마리 정도 살고 있어서 스발바르에는 사람보다 북극곰이 더 많다.

물론 북극곰은 대부분 보호를 받지만, 집에서 나오는 모든 사람은 북극곰이 공격할 가능성에 대비해 소총을 휴대하거나 무장한 가이드를 동반해야 한다. 앞서 독특한 법이 있다고 언급했는데, 그중 하나가 바로 이것이다. 즉, 외출할 때는 꼭 총기를 휴대해야 한다. 하지만 이상한 법은 이것만이 아니다.

스발바르는 또한 국제종자저장고 Global Seed Vault 의 본

스발바르 조약 체결국

그리스, 남아프리카공화국, 네덜란드, 노르웨이, 뉴질랜드, 대한민국, 덴마크, 도미니카공화국, 독일, 라트비아, 러시아, 루마니아, 리투아니아, 모나코, 미국, 베네수엘라, 벨기에, 북한, 불가리아, 사우디아라비아, 스웨덴, 스위스, 스페인, 슬로바키아, 아르헨티나, 아이슬란드, 아일랜드, 아프가니스탄, 알바니아, 에스토니아, 영국, 오스트레일리아, 오스트리아, 이집트, 이탈리아, 인도, 일본, 중국, 체코, 칠레, 캐나다, 포르투갈, 폴란드, 프랑스, 핀란드, 헝가리

이 독특한 군도에서는
외출할 때 총기 휴대가
의무다.

거지이기도 하다. 국제종자저장고는 2008년에 모든 자연적 또는 인도주의적 재난 발생에 대비해 농작물의 생물 다양성을 보존하기 위해 지어졌다. 지진과 핵폭탄을 견디고 지구 온난화로부터도 안전한 거대한 지하창고다. 이 장소가 이상적인 이유는 정전 시에도 외부의 영구동토층이 자연 냉각수 역할을 하기 때문이다. 여기에는 약 450만 개의 종자를 보관할 수 있는 공간이 있는데, 이미 공간의 4분의 1이 사용 중이다.

그러나 정말 놀랄 만한 규제는 따로 있다. 바로 스발바르에서는 죽는 것이 허용되지 않는다는 것이다. 역사적으로 이곳 땅에 묻힌 시체는 기상 조건으로 인해 분해되지 않았기 때문이다. 지난 10년 사이에 1917년에 묻힌 시신이 발견됐는데 그 사람을 공격했던 바이러스가 손상되지 않은 상태 그대로였다.

물론 오늘날에는 시신을 대륙으로 옮기는 일이 더 쉬워졌으나, 이 규제는 인구통계학적 정책에 도움이 되기 때문에 여전히 유지되고 있다. 살펴본 것처럼 노르웨이에 소유권을 준 이 조약은 모든 서명 국가의 시민에게 같은 법을 적용한다. 따라서 스발바르제도의 총독은 인구수를 통제하기 위해 몸이 아프거나 자립할 수 없는 사람을 추방할 수 있다.

퇴거 및 추방에 관한 규정에는 총리가 이 섬에서 거주민을 추방할 수 있는 다섯 가지 이유가 명시되어 있다. 그중 하나가 '자신을 돌볼 능력이 없는 사람'이다. 이 조항의 범위는 다소 넓다. 예를 들어 퇴직자와 실직자도 여기에 포함된다. 결국 이런 조치는 노르웨이의 국가 재정부담을 덜기 위한 것이다. 참고로 그곳의 관리자는 주민들이 선출하지 않고 노르웨이 정부가 임명한다.

스발바르는 죽기에 안 좋은 곳일 뿐만 아니라 태어나기에도 안 좋은 곳이다. 이에 관한 법률이 따로 있는 건 아니지만, 이곳의 병원은 출산을 도울 준비가 안 되어 있다. 따라서 아무도 그곳에서 출산하려고 하지 않는다. 이 사실로 예상되듯이 이곳의 인구 피라미드는 일반적인 모양과 매우 다르다. 65세 이상의 노인이나 어린이가 거의 없다.

석탄은 여전히 이곳의 경제성장 동력 중 하나이지만, 이제 주요 동력은 아니다. 대신 오늘날에는 관광산업에 주력한다. 해마다 방문객이 늘어나고 있는데, 눈과 빙하, 오로라로 뒤덮인 자연경관을 볼 수 있기 때문이다. 카누를 타거나 자연에 관심이 많은 사람을 위한 체험도 마련되어 있다.

그 밖의 주요 활동은 연구다. 대학센터에 300명 이상의 학부생 및 대학원생이 있다. 그들의 주요 연구 주제 중 하나는 환경 분석이다. 북극 지역의 기온이 지구의 나머지 지역보다 2~3배 더 빠르게 상승하고 있기 때문이다. 얼음 양이 점점 더 줄어들 것으로 예상되니, 결국 스발바르제도는 점점 덜 추워지는 차가운 해안이 될 것이다.

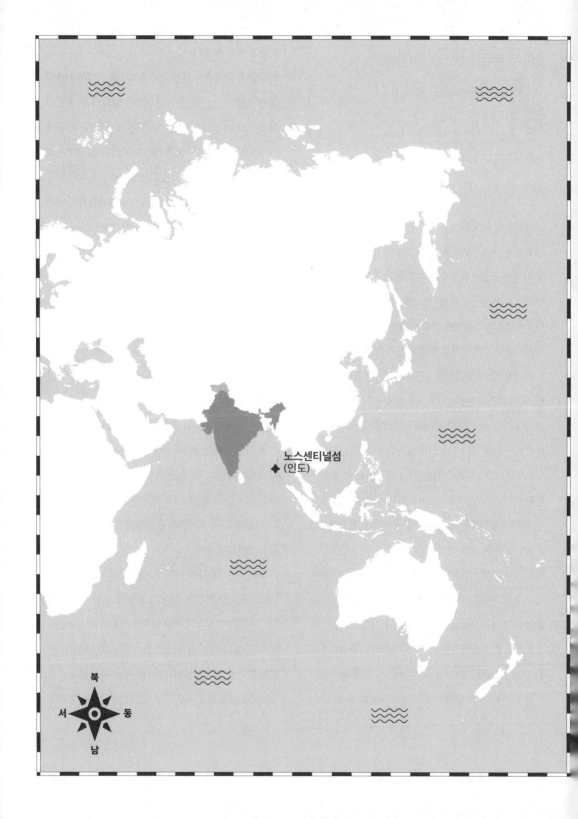

노스센티널섬
(인도)

북
서 동
남

2장

노스센티널섬

세계에서
가장 고립된 부족

외부와의 모든 접촉에
적대적인 부족

접근하면 살해당할
위험이 있다

그들은 6만 년 전부터
이 섬에서 살았고, 다른
마을과의 교류는 없었다

스센티널섬에는 네안데르탈인이 멸종되기 2만 년 전부터 사람이 살았다. 참고로 호모 사피엔스 사피엔스와 유사한 종인 네안데르탈인은 4만년 전쯤 지구에서 사라졌다. 또 다른 사건들을 참고하자면, 마지막 빙하기는 약 1만2000년 전에 끝났고, 기자의 대피라미드는 4500년 전에 세워졌다.

이런 상황을 고려할 때, 센티널족은 적어도 6만 년 전에 지금의 장소에 도착한 것으로 보인다. 그때부터 지금까지 그들은 고립된 생활을 이어오고 있고, 외부 세계와 거의 접촉하지 않았다. 즉, 인류의 대다수가 최근 수십 년간 정보통신기술 혁명을 경험하는 동안 이런 현실과는 동떨어진 삶이 존재하는 곳이 있다. 바로 인도와 타이 영토 사이 벵골만에 있는 노스센티널섬이다.

정치지리적으로 이곳은 인도에 속한다. 하지만 여기에는 어느 정도 논란의 여지가 있다. 이 문제를 생각하기 전에, 우선 이곳에 관해 조금 더 알아보도록 하자. 이 섬의 면적은 약 60km²이고, 한쪽 끝에서 다른 쪽 끝까지 거리는 약 7km다. 지리적으로 이곳은 안다만·니코바르 제도의 일부다.

이 섬은 지구상에서 가장 수수께끼 같은 장소 중 하나다. 이곳에 사는 사람들에 대해서 알려진 바가 거의 없기 때문이다. 50명에서 400명 사이의 사람들이 사는 것으로 추정되는데, 그들은 아프리카에서 이 섬으로 이주한 지구 최초 정착민의 후손으로 추측된다. 실제로 그들의 신체적 특징을 살펴보면 지리적으로 가까운 인도인이나 동남아시아인이 아닌, 아프리카인의 전형적인 모습을 보인다.

이 부족에 관한 것들은 거의 다 비밀에 싸여 있다. 우리는 그들의 언어나 그들이 그들 자신을 부르는 이름조차 모른다. 사실 센티널족이라는 이름도 외부에서 붙인 것이다. 그들은 그 섬에서 나는 과일과 동물의 고기를 먹는 수렵채집 생활을 하고, 농사는 짓지 않는다. 또 불을 피우는 방법은 모르지만, 어쩌다가 불이 생기면 그것을 다룰 수는 있다.

이런 특징들로 미루어 보아 그들은 오늘날에도 신석기

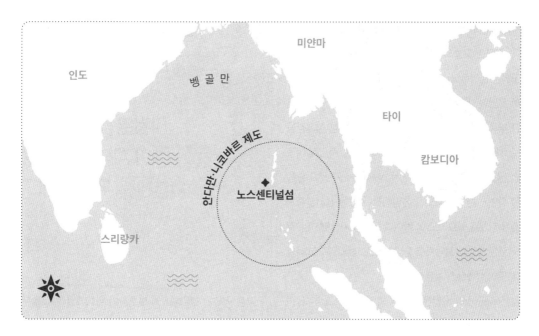

시대 이전의 사람들과 비슷한 생활방식으로 사는 것 같다. 어쨌든 오늘의 현실과는 다른 딴 세상이 펼쳐지는 곳임은 분명하다.

이 문명에 대해 알려진 것이 거의 없는 이유 중 하나는 그 부족이 섬에 접근하려는 사람들에게 강한 적대감을 보이기 때문이다. 특히 이 부족은 2018년, 중국계 미국인 선교사인 존 앨런 차우John Allen Chau가 선교 활동을 하면서 전 세계적으로 유명해졌다. 그는 센티널족과 좋은 관계를 맺으려고 몇 번이나 접촉을 시도했지만, 결국 모든 상황이 최악으로 끝났다. 그가 센티널족의 화살에 맞아 살해됐기 때문이다.

많은 이들이 이 사건은 존 차우의 잘못이라고 본다. 이미 그는 여러 차례 위험 경고를 받은 상태였기 때문이다. 심지어 그는 어부들에게 돈을 주고 그곳에 가까이 다가갔는데, 이 섬에 가까이 가는 것 자체가 금지였기 때문에 그 일은 엄연한 불법 행위였다.

하지만 그곳에 갔던 사람은 그만이 아니었다. 2006년 어부 두 명이 이 섬에 아주 가까이 다가갔다가 사망했다. 그로부터 2년 전인 2004년, 인도 정부는 쓰나미가 그 섬에 미친 영향을 확인하기 위해 그곳에 직접 헬리콥터를 보냈다. 확인 결과, 센티널족은 쓰나미에서 살아남았을 뿐만 아니라 엄청난 화살을 퍼부으며 헬리콥터를 맞이했다.

반세기 전, 인도는 그 섬으로부터 3해리(5.6km) 내에 들어가는 행위를 불법으로 규정했다. 그 법에는 두 가지 목적이 있었다. 하나는 그 선교사의 사례처럼 섬 주민들이 침입자를 죽이는 일을 방지하기 위해서였다. 또

노스센티널섬으로부터 3해리 내에 접근하는 것은 불법이다. 이것은 면역 체계가 덜 발달한 지역 주민들을 보호하기 위해서이다.

다른 이유는 센티널족을 보호하기 위해서였다. 그들은 고립된 생활을 하고 있어서 면역 체계가 약하기 때문에 외부 세계와의 접촉은 매우 위험하다.

그 외에도 센티널족과 외국인 사이에 또 다른 접촉이 있었다. 19세기 말 영국 군인 모리스 포트먼Maurice Portman과의 만남이었는데, 그들은 비교적 부드러운 관계를 맺었던 것 같다. 당시 모리스 포트먼은 센티널족 4명을 안다만·니코바르 제도의 중심 도시이자 안다만 제도에서 가장 큰 항구도시인 포트블레어Port Blair로 데려갔다. 그중 성인 두 명이 일찍 사망했는데, 버틸 만한 면역력이 없었기 때문일 것이다. 아이 두 명은 부족 사람들에게 줄 선물을 가지고 다시 노스센티널섬으로 돌아갔다. 어떤 이들은 이 아이들이 섬에 질병을 들여왔을 수도 있다고 추측하는데, 이것이 이후 그들이 외부인에게 적대감을 갖게 된 원인이 되었을 것이다.

그리고 100년쯤 지난 후, 사람들의 이목을 끌었던 또 다

© Nutu / Alamy Stock Photo

1981년에 그들은 버려진 배를 통해 석기 시대에서 **철기 시대**로 넘어갈 수 있었다.

른 만남이 있었다. 1981년 홍콩 배가 이 섬 해안에서 좌초했다. 그 배의 선원들은 센티널족의 환영을 받지 못한다는 것을 알았기 때문에 배에서 내리지 않았다. 그들은 헬리콥터로 구조됐다. 하지만 센티널족은 그들이 타고 왔던 배에 호기심이 생겼던 모양이다.

참고로 그 배의 잔해는 지금도 구글어스를 통해 확인할 수 있다. 실제로 센티널족은 그 배의 재료를 이용해 자신들의 무기를 향상했다. 일부 사람들은 그 화물선의 도착으로 인해 그곳이 석기시대에서 철기시대로 넘어갈 수 있었다고 본다.

그들과 접촉하는 데 가장 많이 헌신한 동시대인을 꼽는다면 바로 트릴록나트 판디트Triloknath Pandit일 것이다. 이 인도 인류학자는 1967년에 처음 이 섬에 들어갔다. 그는 여러 차례 선물을 가지고 그들을 방문했다가 대부분 화살 세례만 받았다. 하지만 1991년, 수년간의

노력 끝에 드디어 그는 평화로운 환영을 받을 수 있었다. 비록 몇 분간의 짧은 만남이었지만 그는 그들에게 코코넛을 나누어주며 가까이 다가갈 수 있었다. 그곳에서 그는 보트에서 춤을 추고 적대감 없이 과일을 줍는 모습을 비디오에 짧게 담았다. 지금까지도 그것은 센티널족이 나오는 최고의 장면으로 꼽힌다. 그리고 그 일 이후 30년이나 흘렀다.

몇 년 후 그는 이런 접근 방식을 시도했던 것을 후회한다고 고백했다. 또한 그는 자라와족*을 비롯한 주변의 다른 부족들과 접촉하려 시도했던 것도 후회했다. 결과적으로 그 만남이 여러 부족에게 비극이 되었기 때문이다. 우선 그들은 질병에 노출됐다. 자급자족했던 그들이 접촉 이후에는 의존적으로 변했고, 심지어 관광명소가 된 후에는 착취를 당하기도 했다.

원주민의 생존을 위해 싸우는 비영리단체 '서바이벌인터내셔널Survival International'은 자라와족이 외부 세계와 접촉한 후 생긴 문제점들을 고발했다. 물론 센티널족에 대한 그들의 입장도 분명하다. 즉, 이 부족은 고립된 상태로 살아가길 원하므로 그들의 공간과 권리를 존중해야 한다는 것이다.

우리가 보기에 이 말에는 해결하기 어려운 윤리적 딜레마가 있다. 물론 선험적으로 아무와도 교류하지 않겠다는 섬 주민들의 의지가 분명히 드러났기 때문에 그들이 존중받아야 한다고 생각할 수도 있다. 하지만 예

---

*　안다만제도 남안다만섬에 사는 토착민 가운데 하나다. 외부인에게 극도의 경계심이 있어서 그들의 문화나 언어, 생활양식 등은 거의 알려지지 않았다.

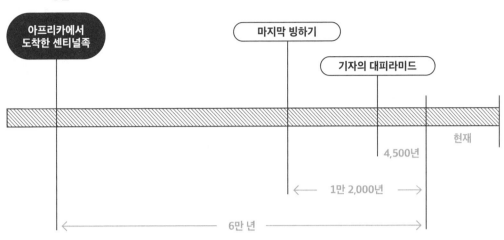

조상들

아프리카에서
도착한 센티널족

마지막 빙하기

기자의 대피라미드

현재

4,500년

← 1만 2,000년 →

← 6만 년 →

외적인 상황이 벌어진다면 어떨까? 예를 들어 이 섬에서 극악무도한 범죄가 자행된다는 증거(굳이 예를 들 필요는 없을 듯하고 각자 상상해보길 바란다)가 있다면, 그때는 개입해야 할까?

이 신기한 부족으로 인한 딜레마는 이뿐만이 아니다. 앞에서 말한 것처럼 이 섬은 정치지리적으로 볼 때 인도령이다. 따라서 인도는 그곳을 자국의 영토 일부로 여기고 센티널족에 대한 보호령을 내리지만 실제로 그곳에는 인도법이 적용되지 않는다. 예를 들어, 센티널족이 그곳의 방문객을 살해하더라도 그들은 인도 당국에 의해 기소되지 않는다. 그곳 주민들은 실제로 주권을 행사하고, 스스로 통치한다. 그들은 그곳을 인도령으로 생각하지 않을 뿐만 아니라 인도라는 나라가 무엇인지도 모를 것이다. 더 나아가 국가가 무엇인지도 모를 것

이다. 이런 상황에서 계속 이 섬을 인도령으로 보는 게 맞을까? 아니면 그곳에서 일어나는 일은 인도와 상관없는 일로 봐야 할까?

외부에서 보기에 이 섬과 주민들은 독특하고 호기심을 불러일으킬 만하다. 우리가 이곳에 대한 영상을 유튜브 채널에 올리기 전에 생각했던 것처럼 많은 사람이 '모든 사람의 궁금증을 해결하기 위해 무인 항공기로 그 섬에 가까이 가서 그 안에서 무슨 일이 일어나는지 관찰할 수 있으면 얼마나 좋겠냐'고 말했다.

한편 이 모든 일은 이 신비한 센티널족이 계속 자급자족하며 고립의 세월을 이어나갈 것임을 분명히 보여준다. 그들이 아프리카에서 이곳으로 온 지 벌써 6만 년 이상 흘렀다. 아마도 앞으로 더 많은 사람이 이곳을 궁금해하며 가까이 다가가려 할 것이다.

이키토스
(페루)

북
서 동
남

3장

이키토스
육로로 갈 수 없는 도시 중 세상에서 가장 큰 내륙 도시

비행기나 배로만
들어가고 나올 수 있다

아마존에 고무 붐*이 일자
엄청나게 발전했다

매우 놀라운 영화의
촬영지다

 실한 기록이 있는 나라들은 설명하기가 쉽다. 예를 들어 인도는 세계에서 가장 인구가 많은 나라고, 러시아는 세계에서 가장 넓은 나라다. 이것들은 너무나 명백한 사실이기 때문에 별다른 설명을 덧붙일 필요가 없다. 참, 덴마크 국기가 세상에서 가장 오래된 국기라는 사실을 아는가? 그 국기는 무려 1219년에 채택됐다! 하지만 꼭 추가 설명을 덧붙여야 하는 곳들도 있다. 보통 **트리스탄다쿠냐제도**Tristan da Cunha islands 를 소개할 때는 지구상 가장 접근하기 어려운 거주지라고 설명한다. 하지만 여기에는 이곳이 속한 대륙이 아닌, 사람이 거주하는 다른 지역까지의 거리를 고려하는 자세한 설명을 추가해야 한다. 또 다른 예를 들자면, 우수아이아Ushuaia 는 지구상 최남단 도시라고 설명할 수 있다. 하지만 그렇게 말할 때는 푸에르토윌리엄스Puerto Williams 가 그 명성을 빼앗을 수 있으므로 꼭 '도시'라는 말을 붙여줘야 한다.** 참, 에베레스트는 지구상에서 가장 높은 산일까? 그렇다고 말할 수도 있겠지만, 그것은 해발 고도를 기준으로 할 때만 가능한 설명이다. 지구 중심부터의 거리를 기준으로 한다면, 에콰도르에 있는 화산인 침보라소Chimborazo 가 가장 높다. 좀 애매한 기록들도 있다. 그럴 때 원하는 뜻을 구체적으로 표현하려면 몇 가지 단어가 더 필요하다. 예를 들어 육로로 갈 수 없는 도시 중 세상에서 가장 큰 내륙 도시인 이키토스가 여기에 해당한다. 좀 더 자세히 살펴보도록 하자.

◆ 내륙 도시: 섬들은 제외한다. 한 섬에서 다른 섬으로 갈 때 보통은 육로로 갈 수 없기 때문이다.

◆ 세계 최대 규모: 약 50만 명의 인구.

◆ 육로로는 접근 불가: 역사적으로 중요한 연결망인 수

---

* 브라질과 아마존 주변국들이 열대우림의 파라고무나무로부터 고무를 채취 및 생산하기 위해 아마존 열대 우림지대로 진출한 일이다.
** 2019년 칠레 통계연구소가 행정구역 기준을 변경하면서 푸에르토윌리엄스도 시市로 승격되어서 우수아이아를 밀어내고 지구상 최남단 도시라는 타이틀을 갖게 됐다.

로를 통한 배편 또는 이미 건설된 공항을 통해 항공편으로 갈 수 있다.

이키토스에서 가장 가까운 육상 교통로가 있는 곳까지 가려면 최소 5일 정도 배를 타고 가야 한다. 방법은 두 가지다. 첫 번째는 마라뇬강과 우아야가강을 지나 유리마구아스Yurimaguas까지 가는 방법이다. 두 번째는 우카얄리강을 따라 푸칼파Pucallpa로 가는 방법이다. 그리고 이 두 곳에 도착하면, 자동차를 이용해 리마나 다른 해안 도시로 갈 수 있다.

다시 이키토스로 돌아와서, 물론 이키토스에도 도로는 있다. 하지만 그것은 남쪽으로 약 100km 떨어진 나우타Nauta 시까지만 연결되고 더는 갈 수 없다.

그런데 50만 명이나 되는 사람들이 왜 그렇게 고립된 곳에서 사는 걸까? 여기에는 역사적인 이유가 있다. 이키토스는 한때 고무 채취 덕분에 전성기를 누렸다. 1880년부터 1915년까지 고무 산업이 호황이었다. 지금까지 보존된 당시 건물들에서 알 수 있듯이 그 기간에 이곳은 매우 부유한 도시였다.

즉, 고무 산업은 이곳에 엄청난 변화를 일으켰다. 당시 이 도시는 페루의 해안 도시인 리마보다 잦은 배편 덕분에 유럽과 더 밀접하게 연결되어 있었다. 100여 년 전만 해도 이키토스는 페루의 수도보다는 수천 킬로미터 떨어진 로테르담이나 영국의 사우샘프턴과 더 가까웠다. 물론 실제 거리가 아닌, 그곳과의 연계성 때문이었다.

하지만 이후 동남아시아의 고무 산업 경쟁력이 더 높아지면서 이곳 산업이 급격하게 쇠퇴했다. 그 뒤로는 석유

이키토스에서 영화 〈피츠카랄도〉가 촬영되었고, 이것은 세계 영화계 업적 중 하나다.

산업이 번창하기 시작했다. 하지만 이곳에서 추출된 원유는 품질이 낮아서 수익성이 보장된 건 아니었다. 그리고 오늘날 이곳의 주요 수입원은 관광이다.

외부에서 볼 때 이키토스의 생활은 매우 인상적일 수 있다. 특히 이곳에는 자동차가 거의 다니지 않는다. 그것은 도시 안에서만 움직이거나 기껏해야 나우타로 가는 도로를 이용할 때만 사용된다. 대신 오토바이 기반의 삼륜차인 소위 삼륜자동차Motocarros가 거리를 가득 메우고 있다. 4만5000대가량이 있는 것으로 추정되는데, 이 때문에 도시가 매우 소란스럽다. 삼륜자동차는 이곳 사람들이 가장 선호하는 교통수단이며, 물론 그 외 관광객들은 오토바이 택시Mototaxis를 타기도 한다.

도시 중심가에 있는 아르마스 광장Plaza de Armas 앞에는 피에로의 집Casa de Fierro이 있다. 이 집은 이곳에서

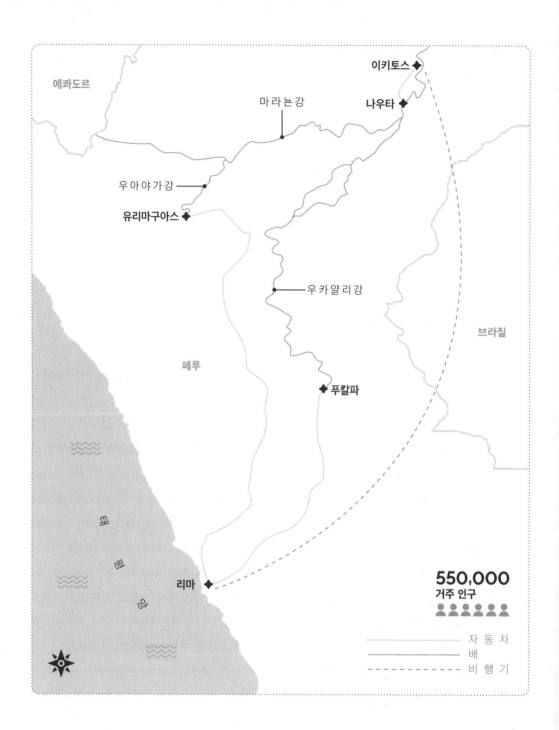

에콰도르

이키토스 ◆

마라뇬강

나우타 ◆

우아야가강 ─

유리마구아스 ◆

우카얄리강

브라질

페루

푸칼파 ◆

태 평 양

550,000
거주 인구

리마 ◆

········· 자동차
──────── 배
-------- 비행기

30

강이 불어나면 지역 전체가 물에 잠긴다. 그래서 '아마존의 베네치아'라는 별명을 얻었다.

매우 권위 있는 건축물이다. 자기 이름과 같은 탑을 세웠던 구스타브 에펠Gustave Eiffel이 설계한 것으로 알려졌는데, 사실이라는 확실한 증거는 없다. 중심가 부근에는 장사가 활발하게 이루어지는 벨렌Belén 시장이 있는데, 방문해볼 만하다.

한편 강이 가장 많이 불어나는 기간에는 지역 전체가 물에 잠긴다. 이럴 때는 육로가 아닌 수로로 이동하는 게 수월해서 '아마존의 베네치아'라는 별명도 붙었다.

이곳에만 이런 별명이 붙은 건 아니다. 이키토스에서 배를 타고 동쪽으로 하루 정도 가다 보면 세 나라가 국경을 맞댄 곳이 나온다. 브라질의 타바팅가Tabatinga, 콜롬비아의 레티시아Leticia, 페루의 이슬란디아Islandia가 만나는 곳이다. 여기서 말하는 이슬란디아는 북유럽 국가*가 아니라, 연중 절반만 강물 위로 드러나 있는 작은 마을이다. 나머지 반년은 강이 범람해 마을이 완전히 잠긴다. 따라서 홍수 때를 대비해 모든 집이 높은 기둥 위에 지어졌다. 이곳의 풍경을 설명하자면, 습하고 모기가 많으며 초목이 무성하다. 이 지역에는 놀라운 동물들이 사는데, 여기에는 바다가 아닌 강에 사는 아마존강돌고래도 포함된다.

이키토스를 이야기할 때 빼놓을 수 없는 게 있는데 바로 영화 〈피츠카랄도Fitzcarraldo〉다. 이것은 지난 반세기 동안 60편 이상의 장편 영화를 만든 독일 감독 베르너 헤어초크Werner Herzog의 1982년 영화다. 그는 배우로도 활동하며 〈만달로리안The Mandalorian〉 시리즈에 출연했기 때문에 Z세대**라면 알 수도 있을 것이다. 아무튼 이 이야기는 정말 놀랍다. 영화 내용뿐만 아니라 촬영 그 자체가 제정신이 아니라고 느껴질 정도로 대단하다. 우선 이 영화는 19세기 후반 페루의 부유한 고무 상인이자 탐험가인 카를로스 페르민 피츠카랄드Carlos Fermín Fitzcarrald의 삶에서 영감을 받았다. 이 장편 영화의 주인공은 아마존 한가운데 오페라 하우스를 짓는 일에 집착했다. 그러기 위해서는 거대한 배를 타고 두 강을 가르는 산을 넘어야 했다. 놀랍게도 그들은 이 장면을 촬영하기 위해 특수 효과는 전혀 없이 실제로 320t의 배로 500m가 넘는 언덕을 넘었다. 그들은 단지 도르래와 엑스트라로 참여한 1000여 명의 원주민의 힘으로 그 일을 해냈다.

---

* 아이슬란드의 에스파냐어 표기는 '이슬란디아Islandia'이다.

** 1990년대 중반에서 2000년대 초반에 걸쳐 태어난 젊은 세대.

이 촬영은 3년 동안이나 계속됐고, 짐작할 수 있는 온갖 복잡한 문제들이 생겼다. 먼저 영화가 40%쯤 촬영된 상태에서 주연이었던 제이슨 로바즈가 이질에 걸리는 바람에 계속 촬영할 수가 없었다. 따라서 대신할 다른 배우를 찾고 모든 장면을 다시 찍어야 했다. 그런데 그즈음에 또 다른 배우인 믹 재거도 촬영을 그만둬야 했다. 그가 속한 그룹 롤링스톤스의 투어 일정이 있어서 정글에서 계속 촬영할 수가 없었기 때문이다. 결국 새로운 주인공이 뽑혔는데, 그는 매우 특이한 성격의 소유자인 클라우스 킨스키였다. 현장에 있던 사람들의 증언에 따르면 그의 성격은 이해하기 힘들 정도였고, 촬영 스태프와 원주민을 학대하기도 했다. 몇 년 뒤 그와 감독 사이의 긴장 관계를 다룬 다큐멘터리인 〈나의 절친 악당 My Intimate Enemy〉이 제작됐다. 감독은 이 영화에서 정글 원주민들이 자신에게 매우 특별한 제안을 했다고 털어놓았다. 촬영하는 내내 두 사람의 힘든 관계와 주연 배우의 안 좋은 성격을 지켜본 원주민들은 감독을 위해 킨스키를 죽이겠다고 제안했다고 한다. 물론 감독은 그들의 제안을 받아들이지 않았다. 다큐멘터리에서 언급한 것처럼, 그는 그 영화에 필요했기 때문이다.

어쨌든 이것은 영화사에 유일무이한 영화로 꼽힌다. 이런 영화는 다시는 없을 것이다. 이 영화는 아마존의 열기와 삼륜자동차의 소음이 만나는 독특한 도시를 배경으로 하며, 그 안에는 짧지만 부유했던 과거의 기억을 떠올리게 하는 100년 이상 된 호화로운 건축물이 어우러져 있다. 그리고 무엇보다도 이곳은 육로로는 갈 수 없는 곳이다.

도시 전체에는 거의 자동차가 없다. 대신 삼륜자동차가 넘쳐난다.

놀라운 업적을 남긴 영화 〈피츠카랄도〉 촬영 중 320t의 배가 언덕을 넘어가는 장면

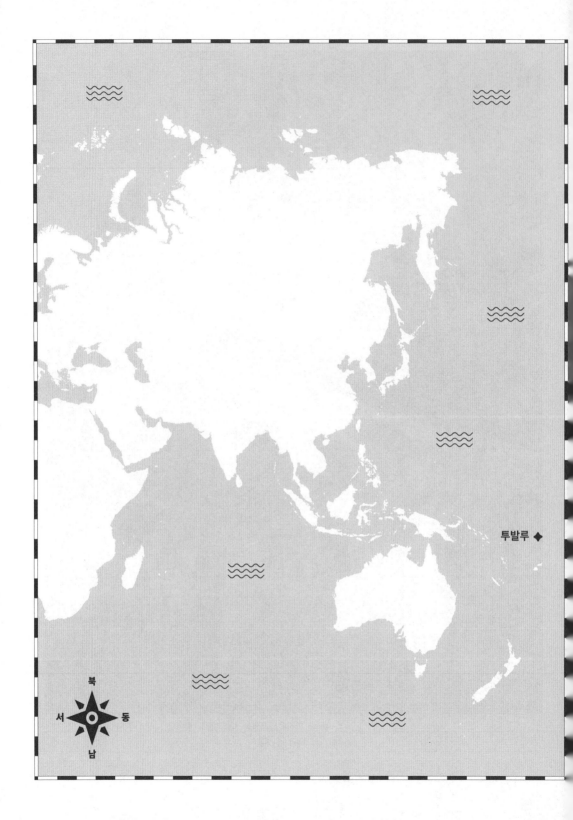

투발루 ◆

북
서 ◆ 동
남

4장

투발루

복권에
당첨된 나라

연간 수입의 10%는
아무것도 하지 않아도
얻어진다

세계에서 관광객이
가장 적은 나라

기후변화로 사라질
위기에 처했다

리네시아, 태평양, 태양과 바다. 하지만 투발루의 해변은 우리가 꿈꾸는 이런 낙원 같은 해변이 아니다. 이곳은 이웃 나라들과 비슷하면서도 독특한 특징을 지닌 이상한 나라다. 따라서 투발루에 가려면 상식적인 기준보다는 다른 곳에는 적용할 수 없는 이곳만의 독특한 법칙을 받아들여야 한다.

기본적으로 이 나라는 9개의 섬으로 이루어졌다. 그중 5개는 환초섬*이고, 4개는 암초섬이다. 모든 섬에 사람이 살지만 전체 인구는 1만1000명에 불과하다. 전세계에서 투발루보다 인구가 적은 유일한 독립 국가는 바티칸이다.

이 나라는 시드니와 하와이 중간 지점에 있고, 각 장소에서 약 4000km 떨어져 있다. 그렇다, 거대한 태평양 한가운데에 있다.

면적은 눈에 띄게 넓은 편이다. 26km²로 **나우루**, 모나코, 바티칸을 능가한다. 하지만 이것은 육지 면적보다 바다 면적이 매우 넓기 때문이다. 이곳에는 1km²의 영토당 2만8800km²의 배타적 경제수역(EEZ)이 있다. 만일 러시아에 이런 비율을 적용한다면 지구 면적의 거의 1000배에 해당하는 해양 면적을 갖게 될 것이다.

이 나라는 영국 식민지인 길버트·엘리스 제도Gilbert and Ellice Islands 에 속해 있다가 1978년에 독립했다. 이후 오늘날까지 영연방의 일부이고, 공식적으로 국가 원수는 찰스 3세이다. 다른 많은 나라들과 마찬가지로 영국 국기가 들어간 이곳의 국기에서도 영국의 문화유산을 엿볼 수 있다. 투발루 국기에는 국가를 구성하는 각 섬당 하나씩 총 9개의 별이 그려져 있다. 1995년부터 1997년까지 투발루는 영국 상징이 없는 다른 국기를 사용했지만, 국민의 지지를 받지 못해서 이전과 비슷한 모양의 국기를 사용하게 됐다.

투발루는 정상적 상황일 때는 연간 약 2000명의 관광

---

*　열대 고리 모양 섬으로 화산섬에 산호가 자라고 나서 섬이 침강하고 고리 모양만 남았다.

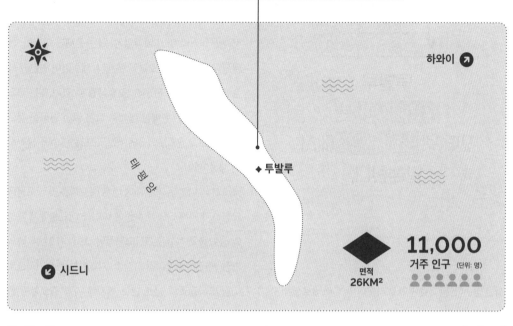

좁은 육지 면적 | 넓은 바다 면적

드러난 지면 1km²당 28,800km²의 배타적 경제수역EEZ

하와이 ↗

태평양

투발루

시드니

면적
26KM²

11,000
거주 인구 (단위: 명)

투 발 루 ◆------------------------ 4,000km ------------------------ ◆ 시 드 니
투 발 루 ◆------------------------ 4,000km ------------------------ ◆ 하 와 이

투발루 국기

영국 ←······

9개의 섬 →

.TV 🔍

투발루
수입의 10%는
인터넷 도메인 '.TV'에서
발생한다.

객만 받는다. 열대 해변이고 기온이 20℃ 아래로 떨어지지 않는다는 점을 고려할 때, 외국인 유입 숫자는 상당히 적은 편이다. 세계관광기구UNWTO는 이곳을 세계에서 관광객이 가장 적은 나라라고 부르기도 했다.

문제는 그곳에 가기가 그리 쉽지 않다는 점이다. 피지에서 출발해 수도인 푸나푸티Funafuti까지 가는 항공편이 일주일에 딱 두 편인 데다 요금도 저렴하지 않다. 참고로 비행기가 하강하기 시작할 때는 축구 경기를 방해하지 않도록 주의해야 한다. 이 작은 섬에서 공항 활주로는 다용도로 사용되기 때문이다. 비행기가 착륙하지 않을 때 이곳은 공공장소다. 축구 골대도 있어서 경기가 이루어진다. 또한 이 섬의 도로는 활주로를 가로지른다. 다행히 도로에 신호등은 없지만, 그래도 비행기가 착륙할 때 추가적인 문제가 생길 수도 있다.

투발루를 관광하고 싶다면 서둘러야 한다. 이 국가가 존속하지 못할 가능성에 관한 이야기가 구체적으로 나오고 있기 때문이다. 기후변화의 위협은 이곳에서 그저 이론이거나 마냥 기다릴 수 있는 문제가 아니라, 현실적이고 구체적인 오늘의 문제다. 해수면이 약간만 상승해도 이 나라가 완전히 물에 잠길 수 있기 때문이다. 그리고 약 30년 뒤에는 실제로 그런 일이 벌어질 것으로 내다보고 있다. 이곳의 해발 고도는 5m에 불과하기 때문이다.

따라서 이 나라는 이 문제에 대한 해결책을 찾고 도움을 요청하기 위해 다양한 포럼에서 각국 대표들에게 자국의 상황을 전하고 있다. "대통령님, 코로나19가 우리의 가장 시급한 위기이긴 하지만, 기후변화는 장기적으로 태평양 사람들의 생계·안보·복지에 가장 중요한 위협 요소입니다." 이것은 화상회의로 열린 제75차 유엔 정상회담에서 투발루 총리 카우세아 나타노가 한 말이다. 피지는 이 문제를 즉시 처리하는 데 있어 가장 수용적이고 협력적인 국가 중 하나다. 뉴질랜드는 연간 약 75명의 투발루인을 수용하고 있지만 충분한 숫자는 아니다. 뭐니 뭐니 해도 투발루의 가장 놀라운 부분은 바로 경제다. 이 나라는 경작할 수 있는 땅이 없어서 식량을 수입해야 한다. 어업이 이곳에서 가장 중요한 경제 활동 중 하나다. 하지만 이 나라는 지구상에서 가장 이상한 방법으로 꾸준한 수입을 얻고 있다. 매년 아무것도 하지 않아도 약 500만 달러를 벌 수 있기 때문이다. 이 수입은 이 나라 경제의 10% 이상을 차지한다. 어떻게 이런 일이 가능할까? 그들은 운이 좋았다. 엄청난 행운을 얻은 것이다.

모든 국가는 인터넷에서 국가 코드 최상위 도메인을 보유한다. 즉, 각 나라를 식별하기 위해 인터넷상에서 사용되는 2개의 문자가 있다. 모두가 아는 것처럼, '.mx'는 멕시코, '.co'는 콜롬비아, '.kh'는 캄보디아를 뜻한다. 보통 투발루의 도메인이 '.tu'일 거라고 예상하지만, 아니다. 이 나라는 '.tv'를 사용한다. 이 결정이 이루어진 1995년에는 아무도 크게 신경 쓰지 않았다. 하지만 인터넷이 크게 성장하기 시작하면서 많은 텔레비전 및 엔터테인먼트 사이트는 당연히 '.tv'라는 고유 도메인을 사용하려고 했다.

그러자 투발루 정부는 도메인 마케팅을 담당하는 베리사인 사와 계약을 맺었다. 이 계약은 2011년에 갱신되었고, 현재 이 회사는 투발루에 연간 500만 달러를 지급한다. 이 덕분에 지난 20년 동안 투발루는 어느 정도 견고한 경제 성장을 이룰 수 있었다. 기반 시설 공사를 진행하고 도로도 포장했으며, 교육도 개선했다. 그 결과 이 나라의 문맹률은 매우 낮은 편이다. 게다가 투발루는 향후 계약 조건이 실질적으로 개선되길 바라고 있다. 최근 몇 년 동안 '.tv' 도메인이 더 대중화되었기 때문이다. 이런 성장의 요인 중 하나는 라이브 스트리밍 플랫폼인 '트위치Twitch.tv' 덕분이다. 이곳에서 유저들이 매달 쓰는 시간은 약 15억 시간에 달한다.

정확한 자료가 공개되지는 않았지만, 〈워싱턴 포스트〉는 가장 비싼 도메인 중 하나인 '.tv' 도메인을 통해 베리사인의 사업 규모를 추정했다. 이런 종류의 사이트를 갖고자 하는 사용자는 연간 약 100달러의 등록 및 유지 관리 비용을 내야 한다. 하지만 회사가 들이는 비용은 단 1달러뿐이다. 결국 사람들이 더 많이 갖고 싶어 할수록 투발루 사람들은 엄청난 수입을 거두게 된다.

투발루에 대해서 놓치지 말아야 할 특별한 점이 또 있는데, 이곳이 현재 타이완(중화민국)을 독립국으로 인정하는 세계 15개국 중 하나라는 점이다. 이곳에 있는 유일한 대사관도 타이완 대사관이다. 타이완은 오세아니아의 여러 섬을 지원하고 있는데, 최근 몇 년간 솔로몬제도와 키리바시Kiribati는 중국(중화인민공화국)의 압박으로 대만의 독립을 인정하지 않는다.

투발루는 폴리네시아의 낙원 같은 섬이 아니다. 호텔 시설이 거의 없어서 여행을 간다고 해도 지내기가 쉽지 않다. 하지만 이곳의 독특한 경제 구조는 마치 복권에 당첨된 나라 같다. 단, 이 복권을 얼마나 오래 즐길 수 있느냐는 기후변화에 따라 달라질 것이다.

해수면이 조금만 상승해도 이 나라는 완전히 물에 잠길 것이다. 이런 일은 약 30년 내에 일어날 수 있다.

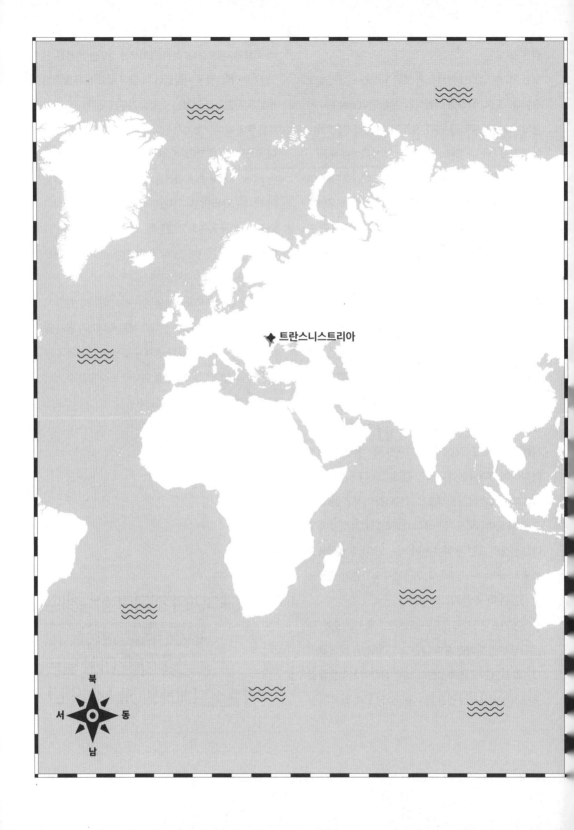

5장

트란스니스트리아

존재하지 않는 나라

오늘날의 소련과
데자뷔를 이룬다

위대한 팀들
사이에서 꿈을 꾸는
무명의 축구팀

아무도, 심지어
동맹국들조차 그들의
독립을 인정하지 않는다

정치적 결정이 큰 영향을 미친다는 것은 분명한 사실이다. 하지만 어떤 행위는 예상치 못한 결과를 낳는다. 트란스니스트리아의 현재 상황이 이를 입증할 수 있다.

세계지도에서 독립국 중 이 나라를 찾아보라고 하면 아마도 찾는 사람이 거의 없을 것이다. 국제 사회, 나머지 국가들의 권력자들, 그리고 지도를 만드는 사람들에게 트란스니스트리아는 존재하지 않는 나라이기 때문이다.

하지만 동유럽 지역을 자세히 살펴보면, 이 특별한 나라를 발견할 수 있을 것이다. 지도에서는 몰도바처럼 보이긴 하지만 거기에는 다른 나라도 포함되어 있다. 몰도바의 동쪽 경계, 우크라이나와의 국경 쪽을 보면 트란스니스트리아를 찾을 수 있다. 몰도바는 그곳을 자국 영토의 일부로 보기 때문에, 그곳을 특별한 법적 지위를 지닌 '트란스니스트리아 자치 영토 단위'라고 부른다. 반면 이곳의 지방 정부는 '트란스니스트리아* 몰도바공화국' 이라는 이름으로 독립을 인정한다.

보통은 간단하게 '트란스니스트리아'라고 부른다. 이곳은 드네스트르강 너머에 있는데, 이 강은 몰도바와의 국경 상당 부분에서 자연 경계 역할을 한다. 반대편은 우크라이나와 긴 국경을 맞댄다.

도미니카공화국의 10분의 1 또는 룩셈부르크의 거의 2배 면적에 해당하는 이곳에는 거의 50만 명이 산다. 하지만 지도로 보는 것 말고 실제로 이곳에 가보게 되면 새로운 경험을 하게 된다.

몰도바의 수도인 키시너우에서 출발해서 트란스니스트리아의 수도인 티라스폴까지 70km를 가려면 국경 통제소를 통과해야 하는데, 미리 현지 화폐를 준비하는 게 편하다. 이곳을 통과하는 순간 언어뿐만 아니라 문자도 변한다. 이런 상황은 최근에 생긴 것이 아니라 1992년부터 이어져왔다.

---

*　트란스니스트리아의 러시아명은 '프리드네스트로비예'이다.

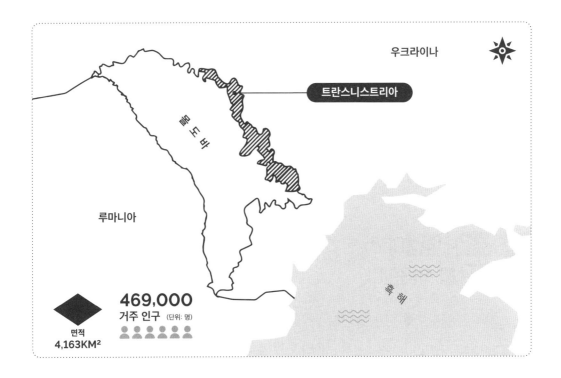

우크라이나

트란스니스트리아

루마니아

몰도바

흑해

469,000
거주 인구 (단위: 명)

면적
4,163KM²

역사적으로 몰도바와 루마니아는 하나의 독립체기였기에 두 나라는 깊은 문화적 유대를 맺고 있다. 즉, 둘 다 루마니아어를 사용하고 라틴계 민족이다. 하지만 트란스니스트리아의 상황은 다르다. 이곳에는 러시아인과 우크라이나인의 비율이 더 높고, 키릴 문자를 사용한다. 왜 이런 이상한 국경 상황이 생겼는지 이해하려면, 제2차 세계 대전으로 거슬러 올라가야 한다. 그 분쟁 시기에 독일과 소련 사이의 합의에 따라 1940년 대루마니아Greater Romania *에서 분리된 몰도바 소비에트 사회주의 공화국이 창설됐고, 1944년에 소비에트연방(소련)에 편입되었다.

그리고 이듬해 현재 몰도바 지역은 나치의 지배를 받아 끔찍한 전쟁 범죄가 발생했고, 15만 명 이상의 유대인이 살해된 것으로 추정된다. 소련이 1944년 그 영토를 다시 장악했다. 한편 이웃 나라인 루마니아는 사회주의 정권의 동맹국이면서 자체적인 정부를 유지하고 있었다. 그 결과 거의 반세기 동안 몰도바는 이런 국경을 갖게 된 것이지만 그 속을 자세히 들여다보면 서로 다른 이야기가 있다. 서쪽 부분은 라틴계가 우세했고, 루마니아인과 동일시됐다. 반면 동쪽 부분은 슬라브족이

---

*　　1919~1940년에 루마니아왕국이 지배했던 영토.

몰도바와 루마니아는 공통의 **문화적 유대 관계**를 맺고 있다. 하지만 **트란스니스트리아**의 상황은 다르다. 이곳 인구는 **대부분 슬라브인**이고 **키릴 문자**를 사용한다.

우세했고 우크라이나인 및 러시아인과 관계가 있었다. 이런 상황은 소련의 권력이 무너진 1989년까지 계속됐다. 그런데 몰도바에서 민족주의 정서와 루마니아와의 관계를 재건하려는 움직임이 나타나기 시작했다. 키릴 문자 대신 라틴 문자가 채택되었고, 루마니아와 매우 비슷한 현재의 국기가 도입됐다. 둘 다 파란색, 노란색, 빨간색의 순서로 세 개의 세로줄 무늬가 있고, 몰도바 국기 중앙에는 문장이 추가됐다.

트란스니스트리아 지역은 새로운 몰도바 정서에 위협을 느꼈다. 루마니아와 통합됐다가는 이 지역 주민들이 소수 민족으로 남게 될 게 뻔했기 때문이다. 1990년, 트

란스니스트리아는 독립을 선포했다. 그러자 1992년 몰도바는 이곳의 통치권을 되찾기 위해 전쟁을 일으켰다. 전쟁은 3개월 동안 계속됐다.

트란스니스트리아는 그곳에 주둔하던 소련군의 도움으로 방어할 수 있었고, 결국 휴전이 체결됐다. 마침내 1000명의 목숨을 앗아간 전쟁이 막을 내렸다.

그 이후로도 거의 30년 동안 같은 상황이 이어지고 있다. 몰도바는 이 영토에 대한 국제적 인정을 받았지만, 실제로 통치하지는 않는다. 트란스니스트리아는 다른 나라와 조약을 맺을 수는 없지만, 실제로 지역을 통치한다.

현재 세 지역만이 트란스니스트리아를 독립국으로 인정한다. 바로 나고르노-카라바흐*, 압하스(압하지야), 남오세티야다. 하지만 이들도 국제 사회에서 인정받지 못하는 건 마찬가지다. 트란스니스트리아 수도인 티라스폴의 특정 재외공관들에서는 서로의 깃발이 휘날리고 있다.

이곳에는 관광 명소가 없지만, 이런 이상한 상황 때문에 많은 사람의 호기심을 불러일으켰다. 몇 년 전까지만 해도 이곳에 입국하고 체류하려면 절차가 매우 복잡했다. 하지만 방문객을 통해 얻는 경제적 이익이 점점 더 중요해지면서 오늘날에는 그 절차가 좀 더 간소화됐다.

만일 이곳에 간다면 '최고 소비에트'라고 불리는 의회 앞에 있는 거대한 레닌 동상을 보고 놀랄 것이다. 더 많

---

* 아제르바이잔 영토 내에 위치하던 아르메니아계 미승인국. 2017년 아르차흐공화국으로 국명을 변경하였고, 2023년 아제르바이잔에 흡수되어 소멸했다.

거대한 레닌 동상은 소비에트 시대의 특징을 보여준다.

지도에 국경 표시는
없지만,
몰도바에서
트란스니스트리아로
가려면 국경 통제소를
통과해야 한다.

은 공산주의적 모습을 보고 싶다면, 깃발 속에 망치와 낫도 있다. 실제로 트란스니스트리아 국기는 소비에트 시대 몰도바공화국의 국기와 비슷하다.

하지만 이것도 상징으로 남아 있을 뿐이다. 지금은 시장 경제를 도입했기 때문이다. 정치 면에서는 정기적으로 선거가 이루어지지만, 중립적인 외국인 참관자들이 없어 선거의 정당성이 의심스럽다.

또한 이곳을 방문한 관광객들은 눈길을 끄는 플라스틱 제 트란스니스트리아 루블 동전을 손에 넣을 수 있다. 이곳에만 있는 동전이라 수집가들이 값지게 여긴다.

국가 경제의 주요 동력은 중공업과 전력 생산이다. 적어도 이론상 가장 큰 동맹국인 러시아의 지속적인 지원을 받기 때문이다. 또한 이곳은 무기 밀매의 메카로, 이것

이 또 다른 수입원이라는 의혹도 제기됐다.

이곳에서 가장 중요한 경제 집단은 셰리프Sheriff 사이다. 이 대기업은 식료품, 자동차 판매, 주유소 및 미디어 사업까지 모두 손을 뻗고 있다. 그리고 이들은 우리가 애정을 갖는 축구팀인 'FC 셰리프'도 운영한다.

이 팀은 몰도바 리그에 참가하는데 실력이 나쁘지 않다. 지난 21시즌 가운데 19번 우승했다. 2021년 6월 유튜브 채널에 이 주제로 영상을 올렸을 때, 챔피언스리그 조별리그 진출을 위해 두 차례 플레이오프 최종예선에 진출했다고 전했었다. 당시 우리는 "세계 최고의 선수들이 세계에 존재하지 않는 나라로 여행하는 것을 머지 않아 볼 수 있을 것이다"라고 말했지만, 그때는 그런 일이 그렇게 빨리 일어나리라고는 상상하지 못했다. FC 셰리프는 세계에서 가장 유명한 클럽 토너먼트에 진출할 새로운 기회를 얻었다. 그리고 바로 그해 7월 그 모험이 시작됐다. 그들은 알바니아의 KF 테우타 두러스, 아르메니아의 FC 알라쉬케르트, 세르비아의 FK 츠르베나 즈베즈다, 크로아티아의 GNK 디나모 자그레브를 상대로 승리를 거두었다. 정말 놀라웠다. 특히 마지막 두 팀과의 경기에서는 역사적인 순간을 만들어냈다. 공식적으로 몰도바를 대표하는 트란스니스트리아 팀은 조별리그에 진출했고, 그들의 위업은 그때부터가 시작이었다.

이 팀은 샤흐타르 도네츠크, 인터 밀란, 레알 마드리드와 함께 D조에 속했다. 첫 경기에서 우크라이나의 샤흐타르 도네츠크 팀을 이기면서 티라스폴을 응원하는 사람들은 기쁨에 들떴다. 하지만 그 누구도 다음에 일어날

일을 상상하지는 못했을 것이다. 그들은 산티아고 베르나베우 스타디움에서 레알 마드리드를 2 대 1로 이겼다. 그렇다, 존재하지 않는 나라의 축구 팀이 챔피언스 리그 조별리그에 처음 진출해 세계에서 가장 상징적인 경기장 중 하나에서, 그것도 세계에서 가장 유명한 축구 팀을 이긴 것이다.

하지만 그들의 꿈은 거기에서 끝났다. 조별리그 나머지 경기에서 승점 1점을 얻으면서 16강 진출이 좌절됐다. 하지만 이들은 이미 역사책 속의 자리를 확보했다. 축구에서 이곳 영토로 다시 돌아와서, 왜 트란스니스트리아가 존재하게 되었는지 의문이 생길 것이다. 즉, 이곳은 법과 정부, 경찰이 있고 여권을 발급하지만 아무도 그것을 인정하지 않는다. 이들은 러시아의 지원을 받을 수밖에 없다. 이것은 경제적인 도움만이 아니다. 전쟁 이후 이곳에 러시아 군대가 주둔하면서 몰도바의 비난을 샀다. 그들의 일에 러시아가 간섭하는 것으로 여겼기 때문이다.

서부 국경에 대한 영향력을 유지하려는 러시아의 의도는 2014년 크림반도 합병*으로 분명해졌다. 불행하게도 이 일은 2022년 우크라이나 침공으로 가속화됐다. 트란스니스트리아는 갑자기 다시 한번 전쟁으로 인해 동유럽의 지정학적 갈등에 휘말리게 됐다. 사실 우크라이나 침공의 첫 번째 영향 중 하나는 몰도바의 유럽연합 가입 요청이다. 그 때문에 트란스니스트리아 당국도 독립을 공식적으로 인정해달라고 요청했다.

지금 이곳은 미래를 예측하기가 어렵다. 그저 30년 동안 이상한 상태로 머물러 있다. 러시아조차 지원은 해도 그들의 독립은 인정하지 않기 때문이다. 러시아의 전략은 몰도바인들이 북대서양조약기구NATO나 유럽연합에 가입하지 않도록 협상 조약을 유지하는 것이었다. 하지만 만일 이 유라시아의 거인이 전술을 바꿔서 그 땅으로 전진한다면, 유럽 중심에 더 가까운 모스크바의 이 월경지exclave**는 새로운 칼리닌그라드***가 될 수도 있다.

어쨌든 이 트란스니스트리아 몰도바공화국을 보면 오래전 국경 획정에 관한 자의적인 정치적 결정이 초래한 결과가 떠오를 수밖에 없다. 물론 정치적 결정에 상응하는 결과가 따르지만, 항상 이런 식으로 일이 커지는 것은 아니다.

---

*   2014년 3월 크림공화국이 우크라이나로부터 독립을 선언한 뒤, 러시아가 크림공화국을 다시 합병한 사건이다.
**   한 국가의 영토가 본국(모국)의 주 영토와 연결되지 않고 다른 국가의 영토로 둘러싸여 있는 지역.
***   칼리닌그라드는 원래 독일 영토였지만 1945년 7월 포츠담회담의 결정으로 소련에 편입됐다가, 소련의 해체로 현재는 러시아의 고립 영토가 됐다.

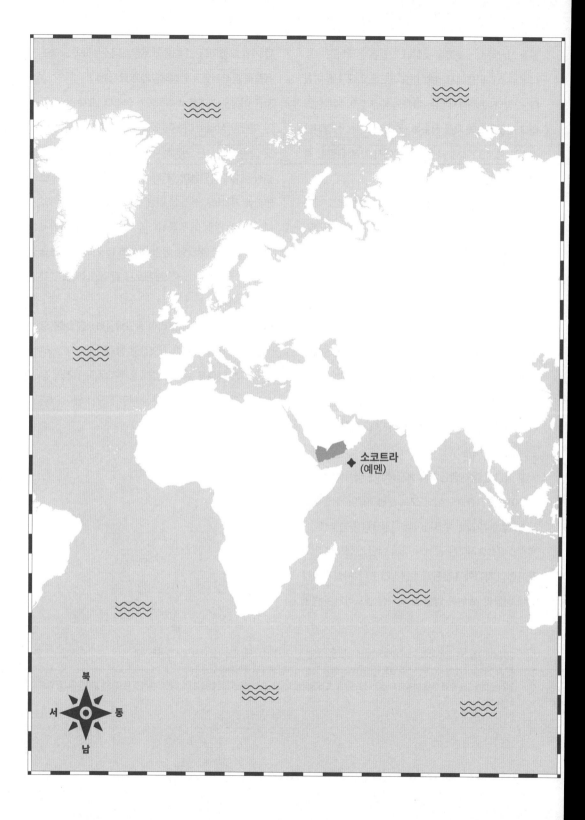

소코트라
(예멘)

북
서 동
남

6장

소코트라섬

다른 행성의 섬

인도양의
갈라파고스

전쟁으로
궁지에 몰린
낙원

오랜 고립의
결과들

 일 소코트라섬의 항공 사진을 찍어보면 독특한 풍경을 보게 될 것이다. 즉, 불그스름한 땅과 기묘한 나무들, 전 세계 어디에서도 볼 수 없는 동물들이 보인다. 그리고 다시 카메라를 다른 쪽으로 돌리면, 마치 다른 행성을 배경으로 한 다큐멘터리나 SF영화 촬영장인 것 같은 느낌을 받을 수도 있다.

하지만 이곳은 다른 행성이 아니다. 지구에 있는 섬이다. 소코트라섬은 인도양에 있고, 4개의 섬으로 이루어진 군도다. 그중 작은 섬들은 아브드알쿠리, 다르사, 삼하 등이다. 그리고 큰 섬은 이 군도와 같은 이름의 섬으로 약 6만 명의 주민이 산다. 이곳은 아프리카의 뿔*과 아덴만과' 매우 가까운 소말리아 해안에 있지만, 예멘에 속한 땅이다.

예멘이란 나라에 대해 가질 수 있는 궁금증을 간단하게 정리해보자. 이 나라는 국가별 인구 순위에서 49위를 차지하고, 국토 면적 순위에서도 49위에 올랐다. 다른 국가들의 면적 순위와 비교해보자면, 이란이 17위, 타지키스탄은 94위다.

약 3000년 전에 처음으로 이 섬에 사람이 정착하기 시작했다. 16세기에 탐험가 트리스탕 다 쿠냐Tristão da Cunha 가 이곳에 상륙한 후 포르투갈에 정복됐다. 이후 20세기에 들어 1967년 남예멘이 독립할 때까지 이곳은 영국의 식민지였다.

참고로 1990년 통일이 이루어지기 전까지 예멘은 남과 북으로 나뉘어 있었다. 물론 이 지명은 위치상 조금 이상하게 보일 수 있다. 남예멘이 북예멘보다 더 북쪽에 있었기 때문이다. 차라리 동예멘과 서예멘으로 구분하

* 아프리카 동부에서 인도양 방향으로 뿔처럼 튀어나온 지역을 일컫는 용어로, 소말리아·에티오피아·지부티 등의 국가가 위치한다.

이곳은 기후변화 영향에 매우 민감하다.

는 게 더 나을 뻔했다. 게다가 이 나라를 기준으로 한국의 남한과 북한을 생각한다면 더욱 혼란스러울 것이다. 한국과 반대로 예멘에서는 남예멘이 소련과 연결된 마르크스-레닌주의 국가였기 때문이다.

물론 방위 때문에 혼란스러운 나라는 여기만이 아니다. 북아일랜드의 경우 최북단 지점이 그 이름에도 불구하고 아일랜드 공화국의 최북단 지점의 위도보다 높지 않다.

지도 이야기 외에 이 섬의 지질학적 기원도 독특하다. 이곳은 1000만 년도 더 전에 아프리카대륙에서 분리되었기 때문에 고립된 상태로 진화했다. 그 결과 독특한 다양성을 가진 동식물이 출현했다. 실제로 이곳의 825종의 식물 종 중 37%가 고유종으로 전 세계 다른 장소에서는 볼 수 없다. 또한 파충류의 90%와 육지 달팽이의 95%도 마찬가지다. 이 섬에 서식하는 포유류는 박쥐뿐이다.

고유종

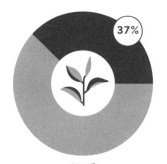

식물류

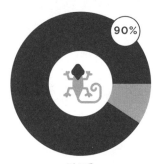

파충류

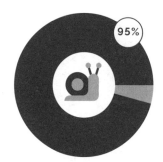

달팽이류

다양한 해양 생물

산호 253종

해양 어류 730종

300종의 바닷가재, 게, 새우

용혈수에서 얻은 수지는 질이 매우 좋다.

소코트라섬의
독특한 점은 강점인
동시에 **약점**이 된다.
이곳은 **고립된** 상태로
진화했기 때문에
외부 세계와의 접촉으로
균형이 깨질
가능성이 크다.

해양 생물의 다양성도 만만치 않다. 예를 들어 이곳에는 산호초를 형성하는 253종의 산호와 730종의 해양 어류, 300종의 바닷가재·게·새우가 서식한다. 독특한 생물종으로 유명한 갈라파고스제도가 떠오른다. 이곳은 생물학적 다양성 때문에 2008년 유네스코 세계자연유산으로 지정됐다.

모든 종 가운데서 이 섬을 대표하는 것은 소위 '용의 피

나무'라고 불리는 용혈수 Dracaena cinnabari 다. 우산 모양의 이 식물은 강수량과 습도가 매우 낮고 태양 빛과 열이 매우 강한 특수한 환경에 잘 적응한다. 그런데 그런 이름이 붙은 이유가 뭘까? 그 나무껍질 안에 붉은색 수지樹脂가 들어 있기 때문이다. 이것은 역사 전반에 걸쳐 다양한 용도로 사용됐다. 르네상스 화가들은 그것을 염료로 사용했고, 오늘날에는 전통 의학의 의약품으로 사용된다. 이것을 가열하면 검은색 시럽을 얻을 수 있다. 특히 이 수지는 1년에 한 번만 추출할 수 있는데, 이 일은 현지 전문가만이 할 수 있어서 추출 비용이 많이 든다.

안타깝게도 이 나무는 오늘날 멸종 위기에 처해 있다. 두 가지 원인 때문인데, 하나는 기후변화로 이곳이 더 건조해졌기 때문이다. 이 나무는 강수량이 적은 곳에 적응할 수 있지만, 그렇다 해도 일정량의 물이 필요하다. 또 다른 원인은 밖에서 유입된 동물인 염소 때문인데, 이것은 섬의 생태계에 큰 영향을 미친다.

즉, 기후변화와 염소는 모든 토착 식물을 위협하는 요인이다. 이 섬의 독특한 점은 강점인 동시에 약점이 되기 쉽다. 고립된 상태로 진화한 탓에 외부 세계와의 모든 접촉에 더 취약할 수밖에 없기 때문이다.

이 용혈수는 인도양이 아닌 대서양 아프리카 해안의 다른 군도에서 볼 수 있는 용혈수 Dracaena draco 와 매우 비슷하다. 좀 더 자세히 말하자면 에스파냐에 속한 카나리아제도에 바로 그 용혈수가 있으며, 카나리아제도에서 가장 크고 인구가 많은 섬인 테네리프섬의 상징으로 쓰인다.

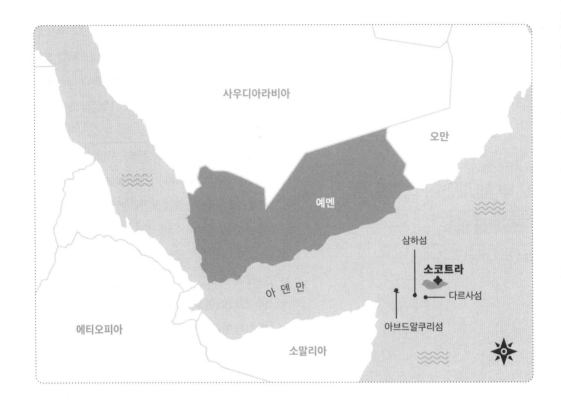

다시 소코트라섬으로 돌아와서, 이곳은 예멘에서 400km, 소말리아에서 200km 떨어진 곳에 있다. 그렇게 멀리 떨어진 곳은 아니지만, 오랫동안 지구상에서 가장 고립된 장소 중 하나였다. 1999년 공항이 개장하기 전에는 배로만 갈 수 있었다. 그나마도 6월과 9월 사이에는 강한 몬순(계절풍)이 불어서 갈 수가 없는 탓에 그 기간에는 완전히 고립됐다.

최근 20년 동안에는 공항 덕분에 다른 나라들과 더 많이 연계됐다. 관광객도 생겼다. 훌륭한 기반 시설이나 숙박 시설은 많지 않지만, 연간 1000여 명 정도 관광객이 찾았다.

그러나 2014년 예멘에서 내전이 발발하면서 모든 상황이 바뀌기 시작했다. 지금까지도 끊이지 않는 내전은 국제 언론의 주목을 크게 받지는 못하지만, 이로 인해 10만 명 이상 목숨을 잃었다.

예멘은 강대국들의 분쟁 지역이 됐다. 한쪽에서는 사우디아라비아와 아랍에미리트가 연합해서 국제적으로 인정받는 정부군을 지원하고 있다. 또 다른 쪽에서는 이란이 후티 반군*을 지원한다. 국제앰네스티에 따르면 양쪽 모두 자의적 체포**, 강제 실종***, 고문 등을 저질렀다.

우리는 이곳의 현실을 파악하기 위해 해당 지역에서 활

동하는 국경없는의사회와 이야기를 나누었다. 그들에 따르면 보건소가 파괴되어 이 섬의 보건 시스템이 무너졌다. 의료 서비스를 받기가 매우 어렵고, 식량도 부족하다. 그뿐만 아니라 열악한 위생 상태로 인해 콜레라와 홍역, 디프테리아, 뎅기열과 같은 전염병이 만연하다. 이곳의 상황은 갈수록 더 복잡해지고 있다. 남부과도의회Southern Transitional Council, STC라는 세력이 이 나라의 최남단 지역을 독립시키려 하고 있기 때문이다. 이로 인해 1990년까지 이 나라는 남예멘과 북예멘으로 나뉘어 있었으며, 사실상 이 세력이 2020년 6월부터 소코트라섬을 통치하고 있다. 예멘 정부에 따르면 이 세력은 아랍에미리트의 지원을 받고 있지만, 그들은 이 사실을 부인하고 있다.

오랜 기간 이 섬은 최악의 분쟁 상황에서도 비교적 격리된 상태를 유지할 수 있었다. 하지만 이제 안전하지 않은 분쟁 지역이 되었다.

이곳에는 독특한 동식물이 서식하고 믿기 힘든 놀라운 풍경이 펼쳐지지만, 지구에 속해 있는 것이 확실하다. 그것을 확인하고 싶을 때 무력 충돌이 인간의 존재를 입증한다.

국경없는의사회의 기록에 따르면, 이곳은 열악한 위생 상태로 인해 콜레라, 홍역, 디프테리아, 뎅기열과 같은 전염병이 돈다.

*   예멘의 이슬람 자이드파 무장 단체.
**   법적인 절차나 권한 없이 개인이 다른 개인을 체포하는 것.
***   개인이 국가 등 권력 집단에 의해 체포, 구금, 납치되어 자유가 박탈되고 법의 보호를 받지 못한 채 실종되는 것.

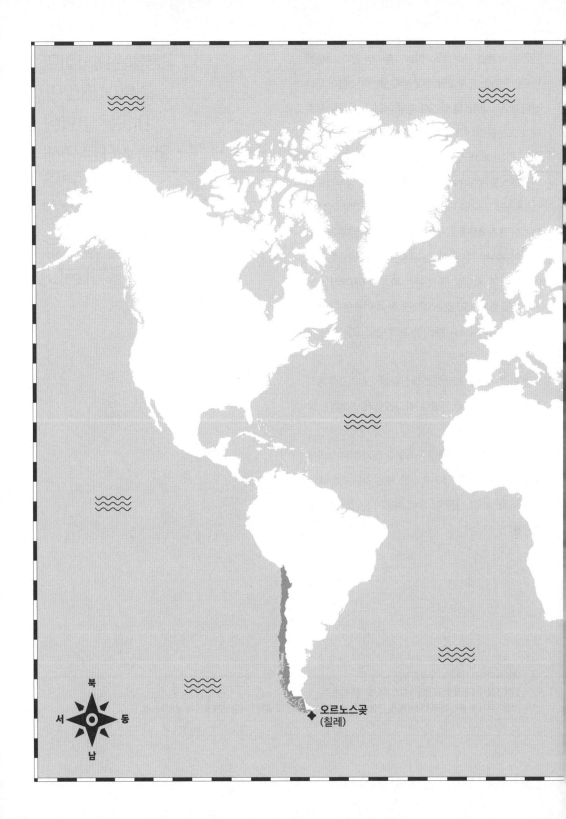

북
서 동
남

오르노스곶
(칠레)

7장

오르노스곶

지구상 가장 위험한 항로

800척의 난파선과
1만 명의 사망자가
있었던 것으로 추정된다

독특한 종족이
수천 년간 극한
상황 속에서 살았다

언어의 사멸

르노스곶을 설명할 때는 흔히들 '바람이 있는 곳'이라고 한다. 이 설명은 그곳의 역사와 위치와 문화적 의미를 외면하고, 수많은 사람이 두 바다를 이어보려고 애쓰다가 목숨을 잃었던 사실을 잊었을 때만 가능하다. 즉, 그곳의 정체성을 버릴 때만 가능한 설명이다.

하지만 우리는 그곳의 정체성을 버릴 생각이 없다. 이곳은 태평양과 대서양이 만나는 아메리카대륙 남쪽 끝에 위치하고, 그 꼭짓점에는 코노 수르Cono Sur*가 있다. 이곳은 티에라델푸에고섬에서 남쪽으로 100km 이상 떨어져 있고, 칠레 영토에 속한다. 그리고 이곳에서 650km 정도만 더 가면 남극대륙이 펼쳐진다.

또 이 섬은 다른 상징적인 곳들과 달리 대륙과 연결되어 있지 않다. 예를 들어 피니스테레곶, 희망곶(희망봉), 루윈곶은 각각 에스파냐, 남아프리카공화국, 오스트레일리아 본토와 연결되어 있다. 하지만 오르노스곶은 연결

되지 않아서, 이것이 이곳만의 특징이 되었다.

남아메리카를 우회하는 배들은 오르노스곶 인근의 바닷길을 통과했다. 남반구의 다른 대륙들과 비교해보면, 이곳이 얼마나 남단에 있는지 이해할 수 있을 것이다. 예를 들어 남아프리카 최남단인 아굴라스곶(바늘곶)은 남위 34°선에 있다. 뉴질랜드 남쪽의 스튜어트섬은 남위 47°선에 있다. 그에 비해 오르노스곶은 55°선에 있어서 아프리카 최남단보다도 남극과 약 2000km 더 가깝다.

또한 이곳은 기상 조건 때문에 선원들에게 특별한 장소가 되었다. 시속 150km에 해당하는 80kt(노트) 정도의 강한 바람이 불고, 높이가 30m에 달하는 거대한 파도가 치기도 한다. 또 연중 시기에 따라 항해에 또 다른 위험을 초래하는 빙산도 발견된다. 어떤 사람들은 이 모든 상황을 난관이 아닌 수상 스포츠 발전을 위한 도전의 기회로 보기도 해서 이 길을 이용해 요트 경기가 펼

* '남쪽의 뿔'이라는 뜻으로 남회귀선 이남, 남아메리카의 최남단 지역으로 구성된 지리적 영역.

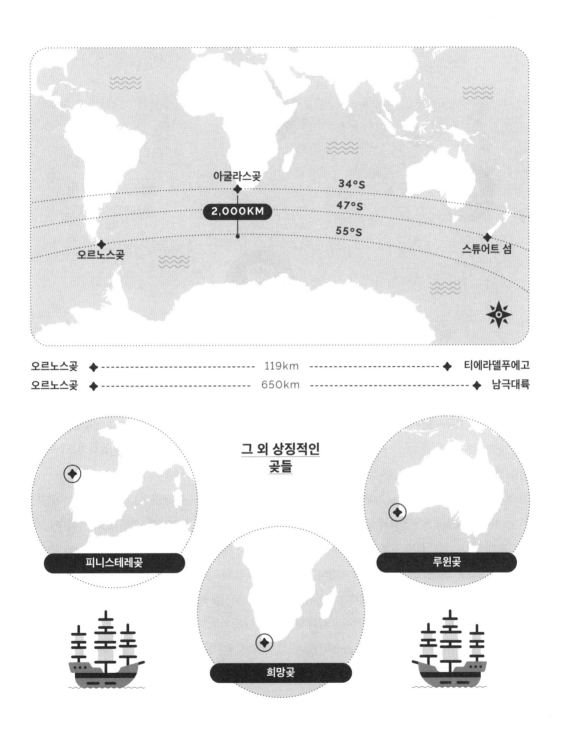

아굴라스곶

34°S

2,000KM

47°S

55°S

오르노스곶

스튜어트 섬

오르노스곶 ◆ -------------------- 119km -------------------- ◆ 티에라델푸에고

오르노스곶 ◆ -------------------- 650km -------------------- ◆ 남극대륙

그 외 상징적인 곶들

피니스테레곶

루윈곶

희망곶

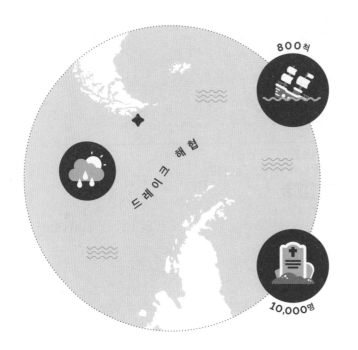

800척

10,000명

드레이크 해협

"이곳은 난파한 모든 사람에 대한 존경심을 불러일으킨다."

쳐지기도 한다.

수 세기 동안 오르노스곶은 세계의 주요 무역로 중 하나였다. 이곳은 1616년 네덜란드 선박에 의해 발견돼 마젤란해협의 대안이 되었다. 마젤란해협에서는 태평양과 대서양이 만나고, 북쪽으로는 티에라델푸에고섬이 있다. 그러나 해협이라는 이름에서 알 수 있듯이 이곳은 통로가 좁아서 대형 선박들이 통과하기는 어려웠다. 반면 오르노스곶에서는 드레이크해협이 시작되는데, 이곳은 양쪽으로 간격이 넉넉한 넓은 지역이다. 하지만 이곳에서는 기후상 어려움을 고려해야 한다. 바람과 해류 때문에 엄청난 난관이 도사리고 있을 가능성이 있다. 지금까지 약 800척의 배가 난파되고, 약 1만 명의 사망자가 발생한 것으로 추정된다.

17~19세기에는 이곳에 해상 교통량이 많았다. 하지만 1914년에 파나마운하가 개통되면서 그 중요성이 많이 줄었다. 지금은 파나마운하로 지구상에서 가장 큰 두 개의 바다가 연결되어 있다.

한편 유럽인들이 도착했을 때, 이곳에는 이미 사람이 살고 있었다. 즉, 야마나족으로도 불렀던 야간족이다. 그들은 기원전 4000년부터 비글해협 남쪽부터 오르노스곶에 이르는 지역에 거주했다. 그들은 주로 채집과 사냥, 낚시를 했고, 농사는 짓지 않았다. 또한 나무껍질로 만든 카누를 타고 운하를 여행했다. 그들은 그 카누 안에서 추위를 막기 위해 작은 불을 피웠다. 이로 인해 수 세기 뒤 이 지역에서 가장 큰 섬에 티에라델푸에고 Tierra del Fuego (불의 땅)라는 이름이 붙게 됐다.

야간족은 체온을 유지하기 위해 바다사자 기름을 사용했다. 그들은 춥고 습하고 거센 바람이 부는 기후에 대응하느라 동물의 가죽을 이용하기도 했지만 거의 벌거벗은 채로 사는 삶을 선택했다. 그런 환경에 적응할 수 없는 신체를 가진 지금 우리에게는 상상도 할 수 없는 일이다.

원래도 야간족의 숫자가 아주 많지는 않았지만, 유럽인들의 도착으로 인구가 급격히 감소했다. 또한 포경 산업으로 원주민들이 사용할 수 있는 식량이 점점 줄어들었다. 20세기에 들어서자 원주민은 극히 소수만 남았고, 이들은 주로 티에라델푸에고섬 바로 남쪽에 있는 나바리노섬에 분포해 있었다.

또한 야간족은 자신들의 고유 언어를 사용했다. 그리고 여러 단어가 확인되면서 언어학자들에 의해 많은 연구가 이루어졌다. 기네스북에 따르면, 이 언어에는 매우 특별한 단어가 있다. 마밀라피나타파이Mamihlapinata-pai라는 단어인데, '세상에서 가장 간결한 단어'로 알려졌다. 그 뜻을 정확히 번역하기는 어렵지만, '서로 원하지만 아무도 먼저 시작하지 않는 행동을 시작하기를 바라는 두 사람 사이의 시선'이라는 뜻이다.

유튜브 채널에 이 주제에 대한 동영상을 게시하면서 야간족 언어의 특수성을 이야기했는데, 그때 이 언어를 사용하는 사람은 전 세계에서 단 한 명뿐이었다. 크리스티나 칼데론Cristina Calderón은 그 문화 속에서 자랐고, 아홉 살에 에스파냐어를 배웠다. 그녀의 친척 중 몇 명은 이미 세상을 떠났고, 언니가 죽자 더는 모국어로 대화할 사람이 없었다.

크리스티나 칼데론의 사망으로 이제 야간어를 하는 원어민은 없다.

당시 크리스티나는 92세로, 나바리노섬에 살고 있었다. 그녀가 죽으면 야간어도 함께 사라질 거라고 말했다. 우리는 그 냉혹한 현실을 인정할 수밖에 없었다. 결국 그녀가 태어난 지 93년 만인 2022년 2월 16일, 그녀의 죽음으로 우려했던 일이 벌어졌다. 크리스티나는 야간어를 전하려 노력했고, 여러 친척과 언어학자의 지원을 받았다. 그러나 원어민이 남지 않아 언어의 많은 부분이 소실되었다.

다시 오르노스곶 이야기로 돌아가서, 이곳은 현재 칠레 해군의 통제하에 있다. 따라서 칠레에서 온 군인 가족이 사는데, 이 보직은 1년에 한 번씩 사람이 바뀐다. 이곳에는 집과 라디오 방송실, 예배당, 등대가 있다. 그리고 유람선이 이곳에 정기적으로 들어오기 때문에 관광객 방문도 가능하다. 하지만 여행 계약을 했다고 한들 도착을 보장할 수는 없다. 종종 날씨가 지극히 변덕스러워서 섬에 다다를 수 없기 때문이다. 게다가 항구도 없어서 멀리 떨어진 배에서 작은 보트를 타고 다가가야 한다. 우리는 이곳의 상황을 좀 더 이해하기 위해 그곳에 다녀

온 여행 블로거인 챈들러 씨를 인터뷰하기로 했다. 그런 극한 환경 속에서 어떤 느낌을 받았는지 궁금했다. 그는 이렇게 말했다. "느낌이 이상했어요. 처음 갔을 때는 아주 큰 배를 탔어요. 뭐랄까… 바람이 부는 곳 같았어요." 결국 그는 그 후에 두 번째로 방문하고서야 그 땅에 발을 디딜 수 있었고, 그때 경험은 또 달랐다고 했다. "오르노스곶에 도착했을 때 그런 느낌이 들었어요. 폭풍이 쳤는데, 아주 강력한 장소라는 느낌이 들었죠. 고무배를 타고 오르노스곶에 도착했을 때… 엄청난 존경심이 밀려왔어요. 그곳에서 죽은 사람, 지나가다가 좌초되고 파선된 배들이 떠오르더라고요. 제가 거기에 있을 때는 날씨가 안 좋았어요. 물론 날씨가 좋은 건 흔치 않은 일이긴 하죠. 그 모든 이야기를 들으면, 그 장소에 대한 존경심이 들 수밖에 없을 거예요." 그는 수년 동안 이곳을 여행한 여행자 수백만 명의 이야기를 회상했다.

이 섬에는 알바트로스의 실루엣 모양을 한 기념비도 있다. 남극에 남극풀마갈매기가 있는 것처럼, 이곳에는 알바트로스가 서식한다. 이곳의 동식물은 엄청나게 풍부한데, 이 지역의 해양 생태계가 풍부하기 때문이다. 많은 동물이 해조류를 먹고 살기 때문에 먹이사슬이 발달했다. 외래종이 유입되지 않은 섬들도 있지만, 북쪽 지역에는 비버가 들어와서 피해를 주고 생태계에 부정적인 영향을 끼친다.

대규모 보호구역들도 형성됐는데, 2018년 칠레는 이곳에 디에고라미레스-드레이크 해협 해양공원을 만들었다. 이곳의 면적은 14만km²가 넘는데, 니카라과의 전 지역보다도 넓다. 이곳에 이런 이름이 붙은 이유는 디에고라미레스제도를 포함하기 때문이다. 이 제도는 오르노스곶에서 남서쪽으로 100km 떨어진 작은 섬들이 모인 곳이다.

역사적으로 오르노스곶은 아메리카대륙의 최남단으로 여겨졌다. 하지만 실제로는 디에고라미레스제도 내에 있는 아길라섬Águila Islet이 더 남쪽이며, 남아메리카판 내에 있다. 따라서 지리적 기준으로 볼 때 오르노스곶은 이제 대륙의 남쪽 끝이라는 기록을 가질 수 없다.

앞서 말했듯이 해양 스포츠에서 오르노스곶 횡단은 큰 도전이며, 이곳은 세계 일주를 꿈꾸는 사람들에게 매우 특별한 장소다. 이 여정을 완수하는 것이 항해자들에게 가장 큰 도전 중 하나다. 앞서 언급한 희망곶과 루윈곶이 오늘날까지 계속 사용되는 경로의 핵심 지점들이다. 물론 파나마운하가 항해의 게임 규칙을 바꾸더라도 스포츠 선수들에게 오르노스곶 횡단은 매우 독특한 경험이다. 여기까지만 봐도 오르노스곶의 의미는 '바람이 있는 곳' 그 이상이다.

오르노스곶의 등대 옆에는 칠레 군인 가족이 산다.

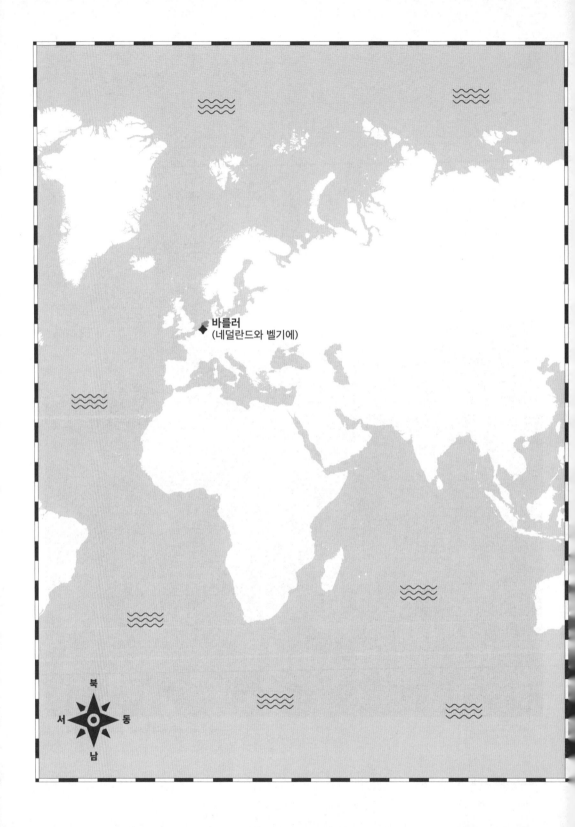

바를러
(네덜란드와 벨기에)

8장

바를러

세계에서 가장 복잡한 도시 경계

네덜란드와
벨기에 사이에는 30개의
위요지enclave*가 있다

8,000명의
주민은 걸을 때마다
국경선을 만난다

다른 나라로
이사하려면 집
현관문만 바꾸면 된다

몇 년 전부터 일부 스포츠 종목에서는 전자 추적 팔찌나 조끼 사용이 보편화되고 있다. 이런 장치들을 이용해서 심박수와 이동 거리를 기록하고, 다양한 생리 지수를 측정한다.

한편 전 세계 모든 사람이 항상 이 기계를 사용한다고 잠시 상상해보자. 그리고 그 기계에 국경을 넘을 때마다 기록하는 기능이 장착되었다고 생각해보자. 보통은 여행을 많이 하는 여행자나 사업가, 정치인이 국경을 가장 많이 넘을 걸로 생각하겠지만, 사실은 그렇지 않다. 국경을 가장 많이 넘은 기록은 바를러의 주민들이 보유한다.

벨기에와 네덜란드는 문화적으로나 지리적으로 가까운 국가들이다. 이들은 세계에서 가장 복잡한 국경을 가진 도시도 공유한다. 네덜란드에서는 이 도시를 바를러 나사우Baarle-Nassau 라고 부르고, 벨기에에서는 바

전 세계에 존재하는 64개의 위요지 중 30개가 바를러에 있다.

를러 헤르토우Baarle-Hertog 라고 부른다. 이곳은 벨기에 도시인 안트베르펜에서 60km, 네덜란드 도시인 로테르담에서 70km 거리 이내에 있다.

약 8000명의 주민이 두 '바를러' 사이에서 산다. 특히 면적이 83km²에 달하는 이 지역—라파누이 면적의 절반 정도—에 30개의 위요지가 있다는 게 눈에 띈다. 즉, 한 국가의 영토 일부가 다른 국가에 부분적으로 둘러싸여 있다.

지도를 살펴보면 네덜란드 영토로 둘러싸인 벨기에 위

---

* 바티칸처럼 다른 국가의 영토에 둘러싸인 독립된 영토.

요지는 22곳이다. 그리고 네덜란드 위요지도 8곳인데, 그중 7곳은 벨기에 위요지 내에 있다. 메타 위요지**라고 할 수 있는데, 네덜란드 영토이지만, 한 곳에서 다른 곳으로 가려면 벨기에를 지나가야 하기 때문이다.

이 상황은 좀 변덕스러워 보이긴 하지만, 생각 없이 아무렇게나 정해진 건 아니다. 그 시작은 중세로 거슬러 올라간다. 10세기에서 13세기까지 이곳은 봉건 영주들의 땅이었는데, 그들은 경작지를 사고팔거나 선물로 주었고, 심지어 땅을 걸고 내기까지 했다.

그러다 보니 이렇게 모호한 경계들이 생겨났다. 이런 일들은 당시 유럽에서는 흔했던 것으로 그리 놀랄 만한 일은 아니다. 그보다 더 놀라운 사실은 약 800년 동안 그들이 그 경계들을 더 간단하게 정리할 수 없었다는 사실이다. 물론 몇 번 시도는 있었지만, 가장 최근인 1996년에도 결국 합의가 이루어지지 않았다.

따라서 이런 상황은 여러 가지로 혼란스러운 결과를 낳았다. 첫째, 실제로 도시들이 둘로 나뉘어 있다. 두 개의 지방 정부, 두 개의 시장, 두 개의 교회, 두 개의 국기, 두 명의 경찰관, 두 개의 학교, 두 개의 우체국에다 심지어 공식 웹사이트도 두 개다. 하나는 국가 코드 최상위 도메인이 '.nl'이고, 다른 하나는 '.be'다.

하지만 상황에 따라서는 양쪽이 합의하기도 한다. 예를 들어 이곳을 다닐 때는 여권이 필요 없다. 이건 유럽연합이 생기기 전부터 지킨 일이다. 또한 공동으로 사용하는 문화센터는 하나뿐이다. 하지만 그곳의 주소는 두 개

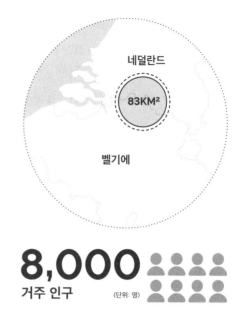

네덜란드

83KM²

벨기에

8,000
거주 인구 (단위: 명)

인데, 각 국가에 부분적으로 속해 있기 때문이다.

둘째, 공공도로에서는 항상 경계 표시가 보인다. 이런 혼란스러운 국경을 정리하기 위해 아스팔트와 보도, 심지어는 상가 내부에도 선을 그었기 때문이다. 다시 말해 한쪽에는 네덜란드를 뜻하는 'NL' 표시가 있고, 다른 쪽에는 벨기에를 뜻하는 'B' 표시가 있다.

이런 경계들이 있지만 우리가 볼 때 이곳에 사는 약 8000명은 한 마을에 속한 주민이다. 물론 이 말은 부분적으로만 사실이다. 각 나라별 문화 차이 때문이다. 예를 들어 그들은 같은 언어를 사용하지만 네덜란드인들은 자신들이 사용하는 것이 정통 언어이고, 벨기에인들은 사투리를 쓴다고 여긴다.

---

* 　'메타meta'는 '사이에'라는 의미가 있다. 즉, 다른 위요지 안에 있는 위요지를 뜻한다.

셋째, 두 나라 모두 유럽연합에 속하지만 적용되는 법이 다르다. 그래서 몇 가지 문제가 생긴다. 예를 들어, 내야 하는 세금이 다르다. 만일 우리 집이 국경을 넘었다면 과연 어디에 세금을 내야 할까? 이럴 경우는 집 대문이 난 위치가 좌우한다. 이런 이유로 많은 사람이 유리한 세금을 내기 위해 집의 대문 위치를 원하는 국가로 바꾼다.

이처럼 서로 다른 법은 예상치 못한 여러 결과를 낳았다. 한때 벨기에의 술집은 네덜란드 술집보다 일찍 문을 닫아야 했기에 거리에 놓은 탁자를 몇 미터만 옮겨 계속 영업하기도 했다. 또 다른 복잡한 문제는 바로 건축 허가다. 국경을 넘는 토지는 벨기에와 네덜란드 행정부 모두의 허가를 받아야 하기 때문이다. 이런 일은 심지어 벨기에 행정 기관을 지을 때도 발생했다. 해당 건물이 국경을 넘었으므로 건물 도면은 네덜란드 행정 당국의 승인을 받아야 했던 것이다.

코로나19 전염병도 이런 기준에서 예외일 수는 없었다. 국가마다 정부가 적용한 방역 기준이 달랐기 때문이다. 시민들은 때에 따라 통행 허가증을 소지해야 했고, 국경의 위치에 따라 허용되는 활동도 달랐다. 그래서 각국의 시장들은 일반적인 원칙을 적용하기로 합의했다. 즉, 의심스러운 상태일 경우에는 가장 높은 제한 기준을 적용했다.

역사적·문화적으로 유대감이 깊은 두 나라가 이런 혼란한 상황을 정리하지 못하는 이유를 이해하기는 어렵다. 예를 들어 인도와 방글라데시의 경우는 갈수록 상황이 뒤엉키자 2015년에 마침내 그 문제를 정리하기로 합의했다.

하지만 이런 이상한 특징 때문에 바를러는 매력적인 관광지가 됐다. 다른 나라 사람들이 호기심을 갖고 이 독특한 장소를 궁금해하기 때문이다. 이곳의 관광객들은 국경 가운데 서서 양쪽 나라에 한 발씩 딛고 사진을 찍는데, 자신들만의 자세를 취하며 예술혼을 불태운다.

바를러 당국은 전 세계 64개의 위요지 중 30개를 보유한 것을 자랑스러워한다. 살면서 가장 많은 국경을 넘는 사람들이 누구인지 직접 겨뤄볼 수는 없겠지만, 굳이 한다면 확신하건대 승자는 분명 바를러에 있을 것이다.

벨기에 시청 도면이 국경을 넘었기 때문에 네덜란드 당국의 승인을 받아야 했다.

위요지 30개의 면적은 83km²

● 벨기에 위요지 22개

● 네덜란드 위요지 8개

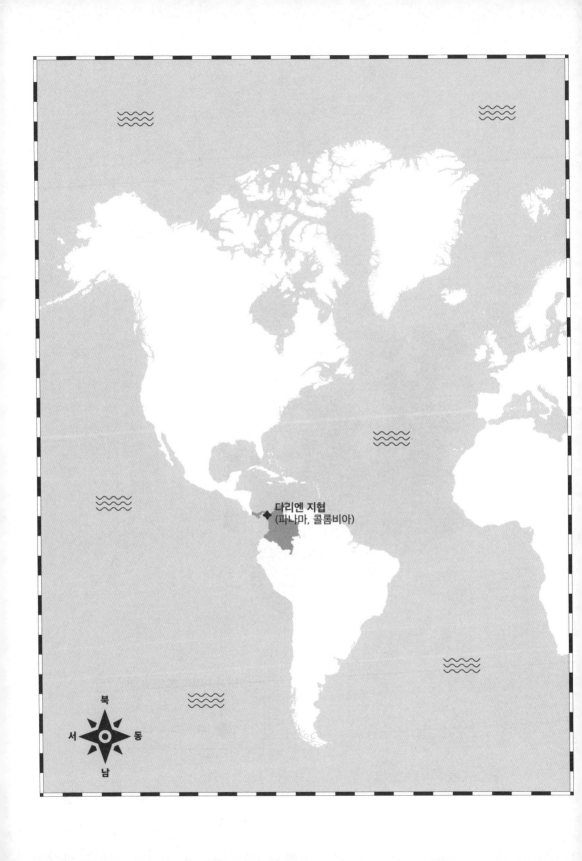

다리엔 지협
(파나마, 콜롬비아)

북
서 ◉ 동
남

9장

다리엔 지협

세계에서
가장 긴 도로가
끊기는 곳

길이 없는
광활한 정글

수많은 이민자가
더 나은 미래를 찾아
이곳을 지난다

마약 밀매는
이곳에서도
주인공이다

들은 25일간 자동차 여행을 했다. 아르헨티나 남부의 우수아이아에서 출발해 칠레, 페루, 에콰도르를 거쳐 콜롬비아에 도착했다. 아메리카대륙 종단 여행의 거의 절반쯤 와 있었다. 콜롬비아의 메데인 부근을 지났고, 이미 안티오키아에 다다랐다. 하지만 투르보Turbo에 도착하는 순간 최악의 상황과 마주하고 말았다. 당황스럽게도 더는 북쪽으로 올라갈 길이 없었다. 다리엔 지협에서 난관에 부딪히고 만 것이다.

이것은 실제 상황이 아니라 가정이다. 아메리카대륙의 남북으로 긴 종단 여행을 준비하면서 이곳에서 무슨 일이 일어날지 모르는 채 떠나는 사람은 없기 때문이다. 남아메리카에서 중앙아메리카로 넘어가는 곳에는 세계에서 가장 긴 고속도로인 팬아메리칸 하이웨이(범미 대륙 고속도로)를 가로막는 무성한 정글 지대가 있다. 바로 '다리엔 지협'이라고 알려진 독특한 곳이다. 이곳은 파나마의 동쪽과 콜롬비아의 북서쪽에 있다. 그 면적을 정확히 가늠하기는 어려운데, 양측이 서로 다른 기준에 따라 8000km²에서 2만4000km² 사이라고 주장하기 때문이다. 만일 후자를 정확한 기준으로 본다면, 이곳은 엘살바도르, 슬로베니아, 이스라엘 같은 나라들보다 더 큰 셈이다.

무엇보다 이곳에는 광활한 정글 지대가 이어지는데, 무성한 식물과 수많은 동물 종이 가득하다. 생물 다양성과 생태계로 인해 1981년에 유네스코는 이곳을 세계자연유산으로 등재했다.

이곳에는
정글의 풍경이 펼쳐지는데,
무성한 식물과
수많은 동물 종이
가득하다.

파나마

중앙아메리카

야비사

다리엔 지협

투르보

콜롬비아

남아메리카

야비사 ◆ ----------------------------- 130km ----------------------------- ◆ 투르보

이곳에는 많은 강이 흐르기 때문에 지나기가 쉽지 않다. 그리고 그중 한 곳에서, 앞서 말한 팬아메리칸 하이웨이가 끊긴다. 여러 전문가에 따르면, 이 고속도로는 세계에서 가장 길다. 이 길은 알래스카 북부의 프루도만Prudhoe Bay에서 시작해서 아르헨티나 최남단의 우수아이아에서 끝난다. 그 사이에 연결되는 모든 간선도로를 합치면 총 연장이 약 4만8000km이고, 주요 도로는 아메리카대륙의 14개국을 지난다.

엄밀히 말하자면, 이 고속도로는 하나의 길이 아니라 여러 도로가 연결된 길이다. 북쪽에서 남쪽으로 여러 지점을 통과하는데, 지나가는 도시로는 프루도만, 에드먼턴, 덴버, 엘파소, 미니애폴리스, 몬테레이, 멕시코시티, 과

테말라, 산살바도르, 마나구아, 산호세, 파나마, 칼리, 키토, 리마, 산티아고, 푸에르토몬트, 부에노스아이레스, 우수아이아 등이 있다.

하지만 이 도로는 다리엔 지협에서 끊기기 때문에 연속적인 길도 아니다. 앞에서 말한 것처럼, 남쪽에서는 콜롬비아의 투르보에서 끊긴다. 그리고 이 길은 130km쯤 끊어진 후 파나마의 작은 마을인 야비사에서 다시 나타난다. 물론 최종 구간(또는 시작 위치에 따라 시작 구간이 될 수도 있음)에서 또다시 길이 끊긴다. 우수아이아가 섬인 티에라델푸에고에 있으므로, 육지에 가려면 페리를 이용해야 한다.

다시 다리엔 지협 이야기로 돌아가서, 왜 나머지 130km

의 길은 건설되지 않은 걸까? 거기에는 몇 가지 이유가 있다. 먼저는 기술적인 어려움 때문이다. 이곳은 포장도로를 놓을 수 있을 만큼 평평하지 않으며, 이 지역을 가로지르는 강 위에 여러 개의 다리를 놓아야 한다. 그래도 투자만 유치된다면 현재 기술로 이것을 건설하는 데는 큰 문제가 없을 것이다.

하지만 무시할 수 없는 이유가 또 있다. 팬아메리칸 하이웨이가 끊긴 부분을 이으려면 이곳의 많은 삼림을 벌채해야 하는데, 이것이 심각한 환경 문제를 일으킬 수 있기 때문이다. 게다가 파나마 쪽에서 다리엔국립공원이라고 부르는 곳은 유네스코에 의해 생물권 보호 구역으로 지정됐다.

이런 이유로 많은 환경 단체는 도로 건설의 위험성을 경고한다. 그뿐만 아니라 이곳에는 아직도 원주민들이 산다. 그들은 현재 상황에 만족하며, 그 길을 놓으면 좋은 점보다 문제가 더 많이 생길 것으로 여긴다. 그들은 선조들의 관습에 따라 생활하며 바깥 사회와의 통합을 경계한다.

오늘날에는 콜롬비아에서 파나마로 건너가기가 매우 힘들고 비용도 많이 들기 때문에 도로가 생긴다면 분명 이점이 있을 것이다. 하지만 동시에 더 복잡한 문제가 생길 수도 있다. 지금 다리엔 지협의 여러 부분이 마약 밀수꾼들에 의해 통제되기 때문이다. 이곳의 연결성이 좋아지면 마약 유통이 더 활발하게 이루어질 것으로 우려하는 사람들도 많다.

또한 다리엔 지협에는 예상치 못한 주인공들이 있다. 매년 수많은 이민자가 육로를 통해 콜롬비아에서 파나마로 넘어가려고 한다. 그들의 수는 연간 5000~2만5000명 정도였지만, 팬데믹 이후 10만 명에 육박했다. 이들의 국적은 소말리아, 방글라데시, 네팔, 스리랑카, 파키스탄, 가나, 베네수엘라, 쿠바, 아이티 등 매우 다양하다. 보통 그들은 좀 더 수월한 브라질이나 에콰도르에서 출발해 콜롬비아로 와서 거기에서 다리엔 지협을 지나 파나마로 향한다. 그들의 종착지는 어디일까? 대부분은 북아메리카 땅을 향한다. 즉, 많은 사람이 새로운 기회를 찾아 미국으로 가고 싶어 한다. 또 어떤 사람들은 난민으로 환영받을 수 있는 캐나다로 가길 원한다.

따라서 설령 다리엔 지협을 건너더라도 중앙아메리카

수만 명의 이민자가 매년 다리엔 지협을 지나려고 한다. 기회를 찾아 북아메리카로 가고 싶어 하기 때문이다.

를 지나 멕시코까지 가야 한다. 거기에 도착하더라도 또 다른 어려움이 기다린다. 힘든 미국 국경을 넘어야 하기 때문이다. 원래 살던 나라에서보다 더 나은 삶을 기대하며 떠나지만, 이것은 몇 달 또는 몇 년이 걸릴 수도 있는 여정이다.

모든 사람이 다리엔 지협을 건널 수 있는 것도 아니다. 이곳은 세계에서 비가 가장 많이 내리는 지역 중 하나일 뿐만 아니라, 도시와 병원에서 멀리 떨어져 있고, 정글에는 마피아와 도둑이 우글거리며, 질병에 걸릴 위험도 크다. 그래서 많은 이민자가 이 정글을 지나 국경 근처로 데려다주는 가이드를 동반한다.

게다가 그곳을 지나가는 길은 너무 복잡해서, 처음으로 그곳을 지날 수 있게 된 지 불과 수십 년밖에 되지 않았다. 1960년에 랜드로버 한 대가 시속 200m의 속도로 5개월 만에 이곳을 통과했다. 그들은 즉석에서 다리를 만들어가며 황량한 정글 한가운데를 통과해야 했다. 또한 두 바퀴로 이 일을 시도하는 모험가도 있다. 가장 유명한 사람 중 한 명은 노르웨이 오토바이 운전자인 헬게 페데르센Helge Pedersen이다. 1980년대 초 그는 오토바이를 타고 10년 동안 세계일주를 했고, 나중에 자신의 이야기를 담은 책도 냈다.

이곳을 지나는 일은 극소수만이 즐길 수 있는 모험이다. 대부분은 콜롬비아에서 파나마로 갈 때 육로를 피하고 비행기나 페리를 이용한다. 앞에서 말한 상상 속 여행자들은 계획을 이어가려면 배에 차를 실어야 할 것이다. 그러면 애초에 예상했던 주행 거리보다 130km 정도 줄어들 것이다.

팬아메리칸 하이웨이는 알래스카에서 티에라델푸에고까지 모든 간선도로를 지나는 4만 8,000km의 길이다. 하지만 다리엔 지협에서 130km가 끊긴다.

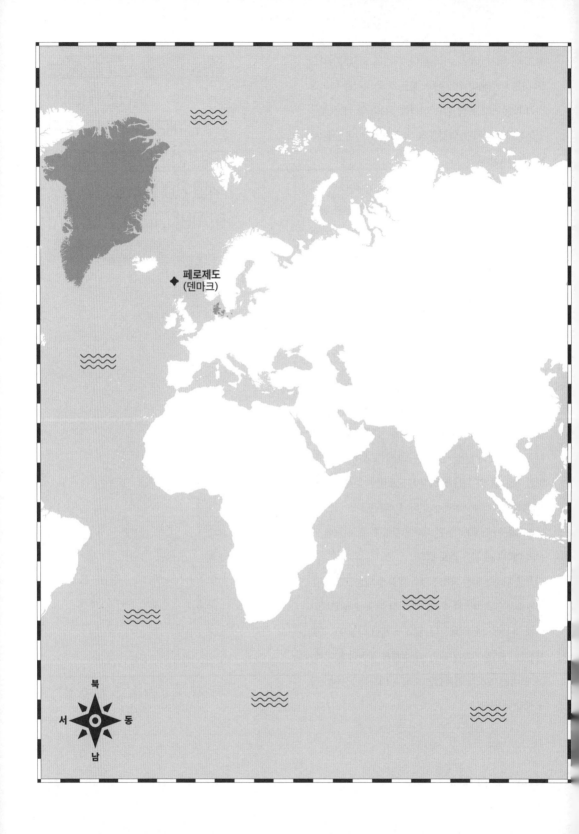

10장

페로제도

가장 놀라운
군도

세계 유일의
지하 회전 교차로

주민 자체 제작
구글 스트리트 뷰

뜻밖의 이민

 시 문화와 역사적·지리적으로 깊이 연결된 두 나라 국민을 떠올려보자. 누군가는 오스트리아인과 독일인이 생각날 것이다. 아니면 우루과이인과 아르헨티나인, 또는 루마니아인과 몰도바인이 떠오를 수도 있다.

그리고 이번에는 그 반대 경우도 생각해보자. 현실이 매우 다르고 언어가 다르며 지구 반대편에 거주하는 두 국민을 떠올려보자. 이 상황에 해당하는 예도 많을 텐데, 그중 하나로 페로인과 필리핀인을 들 수 있다.

페로인이 사는 페로제도는 북대서양에 있다. 이곳은 17개의 유인도와 무인도 하나, 기타 여러 섬으로 이루어진 군도다. 그리고 북단과 남단 사이의 거리는 100km 이상이다. 전체 면적은 카리브해 북동부에 있는 푸에르토리코의 6분의 1에 해당하고, 맨섬 크기의 2배가 넘는다. 참고로 맨섬은 브리튼제도의 한가운데 있는 작은 영토로 그곳의 상황은 매우 독특하다.

페로제도는 노르웨이와 아이슬란드의 거의 중간 지점에 위치하며, 각 나라에서 500km 이상 떨어져 있다.

그리고 영국과 조금 더 가깝다. 즉, 스코틀랜드 최북단의 셰틀랜드제도 Shetland Islands 에서 300km쯤 떨어진 거리다.

그리고 북위 61° 부근에 있어서 1년 중 대부분은 추운데, 같은 위도에 있는 다른 지역들과 비교하면 덜 추운 편이다. 페로제도에는 멕시코만류가 흐르는데, 난류라 극한의 추위를 막아주기 때문이다. 따라서 1년 중 평균 기온이 영하로 내려가는 날이 없다.

'Islas Feroe'란 '양들의 섬'이라는 뜻인데, 그것은 오늘날에도 유효하다. 이 지역에는 약 8만 마리의 양이 살고, 인구는 5만 명이 좀 넘는다.

이곳 수도인 토르스하운 Tórshavn 을 거닐다 보면 북유럽 국가들의 전통을 존중하는 이곳의 국기가 눈에 띈다. 덴마크, 핀란드, 아이슬란드, 노르웨이, 스웨덴과 마찬가지로 페로제도의 국기에도 성 올라프의 십자가 모양이 들어 있다. 실제로 흰색과 파란색의 배치를 뒤집는 것만 빼면 아이슬란드 국기와 비슷하다.

이곳이 덴마크 영토임에도 불구하고 여기서 가장 찾기

힘든 국기는 덴마크 국기다. 페로제도는 그린란드와 마찬가지로 덴마크왕국 산하에 있다. 코펜하겐에서 이곳의 국방, 법률 시스템 및 외교 관계를 관리하고 보조금을 보낸다.

하지만 동시에 페로제도는 1948년부터 자치령이 되었고, 2005년에는 외교 자치권도 갖게 됐다. 그 이후로 자체적으로 국제 관계를 수립할 수 있어서 런던에 대사관도 두었다.

짧은 기간이었지만 그들은 영국의 통치 아래 있었다. 나치 독일이 덴마크를 침공했던 제2차 세계 대전 시기에 영국인들이 페로제도를 점령했고, 아직도 이곳에 남아 있는 유일한 공항을 건설했다. 전쟁이 끝나자 이곳은 덴마크왕국에 귀속됐다.

하지만 문화적으로 페로인들은 자신들이 덴마크인이라고 생각하지 않는다. 이곳의 현실이 덴마크와 매우 다르기 때문이다. 페로제도는 바다 한가운데에 있는 울퉁불퉁하고 고립된 섬으로, 평균 고도가 낮은 덴마크보다 아이슬란드나 노르웨이의 군도와 공통점이 훨씬 더 많다. 실제로 덴마크에서 가장 높은 곳은 해발 고도 170m에 불과하다. 또한 페로제도는 덴마크와 달리 유럽연합에는 속해 있지 않다.

최근 수십 년간 페로인들은 전 세계 많은 국가가 부러워하는 인프라 발전을 이루었다. 워낙 지리적으로 변화무쌍하고 분리된 섬이라 외부와 연결하기가 쉽지 않았

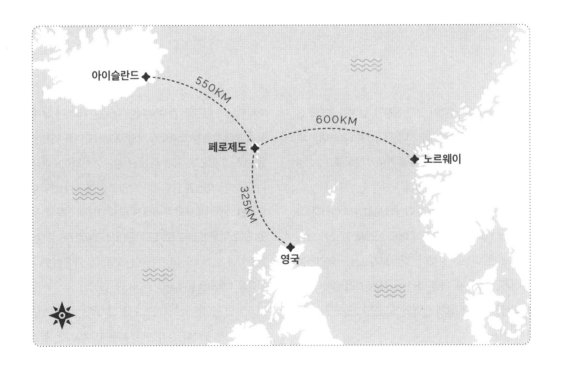

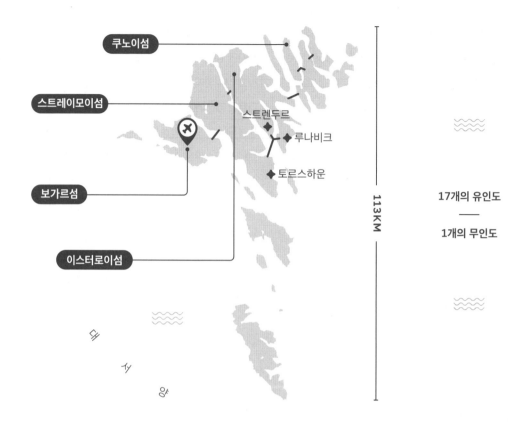

쿠노이섬

스트레이모이섬

스트렌두르
루나비크

보가르섬

토르스하운

이스터로이섬

113KM

17개의 유인도
———
1개의 무인도

다. 이곳에 닿는 선박이 있긴 하지만, 날씨가 변덕스럽고 예측할 수가 없어서 바다 여행도 쉽지 않다. 이런 이유로 1970년대부터 해저 터널 건설이 진행됐고, 그 결과 놀라운 도로망이 구축됐다.

즉, 각 섬을 연결하는 20개 이상의 도로망이 생겼다. 그중 일부 다리는 교통체증이 매우 심한데, 수도가 있는 스트레이모이섬과 공항이 있는 보가르섬을 연결하는 다리가 그렇다. 또 다른 다리는 교통체증이 덜하다. 쿠노이섬은 해저 터널과 연결되어 있고, 그곳에 사는 건 140명뿐이다.

페로제도의 인프라 건설에 대한 열정은 2020년 세계 최초의 해저 원형 교차로가 개통되면서 또 다른 경지에 올랐다. 그 길은 두 개의 가장 큰 섬인 스트레이모이섬과 이스터로이섬을 연결한다. 그리고 원형 교차로를 이용하면 스트렌두르와 루나비크 두 방향으로 이동할 수 있다. 그 덕분에 수도 토르스하운에서 출발하는 여정을 단축할 수 있게 됐는데, 이전에는 55km를 가야 했으나 지금은 17km로 단축됐다.

이 터널의 깊이는 187m이고, 원형 교차로는 마치 예술 작품을 보는 듯하다. 그리고 여기에는 1억4000만 유로

가 들었다. 이 작은 나라에서 이는 엄청난 비용으로, 연간 총생산의 5%에 해당한다.

그 자금은 터널 통행료로 조달하고 있다. 이곳의 통행료는 10유로이고, 통행료를 내면 최대 3일까지 이용할 수 있다.

이러한 연결성은 이곳 경제에 큰 영향을 끼친다. 특히 수출의 90%를 차지하는 어업에서 중요한 역할을 한다. 이제는 각 섬에 갑작스러운 기후변화가 발생하더라도 이 길을 통해 수도인 토르스하운으로 생산물을 빠르게 운반할 수 있다.

토르스하운의 어원은 '토르의 항구'라는 뜻인데, 이것으로 두 가지를 알 수 있다. 하나는 항구라는 사실로, 이곳은 페로제도 역사가 시작된 중요한 곳이다. 또 북유럽 신화와 관련된 지명이라는 사실로, 이는 오늘날 만화와 영화 주인공이 된 천둥의 신 이름에서 따왔다.

한편 이곳을 방문하는 사람들은 잔디가 땅뿐만 아니라 집 지붕에서도 자라는 것을 보고 놀랄 것이다. 총리실 건물도 예외는 아니어서 이곳의 소박함을 그대로 보여준다.

물론 이 모습을 보기 위해 직접 이 섬에 갈 필요는 없다. 항상 볼 수 있는 건 아니지만, 구글 스트리트 뷰를 통해 이곳을 산책할 수 있기 때문이다. 2016년까지 페로제도는 구글 스트리트 뷰에 나타나지 않았다.

당시 수많은 항의에도 넣어달라는 의견이 받아들여지지 않았다. 그러자 기다림에 지친 주민 두리타 달 안데르센이 결국 360도 카메라를 양들에게 장착해 자신만의 버전인 '쉽 뷰Sheep View'를 만들었다. 그녀는 그곳

페로제도는 바다 한가운데에 고립된 가파른 섬이다. 하지만 이곳은 고도가 낮은 국가인 덴마크령이다.

의 양들이 움직이기를 기다렸다가 얻은 이미지를 사이트에 올렸다.

이것이 구글의 관심을 끌었고, 마침내 여기에도 정식 구글 스트리트 뷰가 생겼다. 사실 이는 마케팅의 일환이었는데, 효과가 꽤 좋았다. 그해 이곳의 호텔 예약 건수가 10%나 증가했다.

경제 다각화의 관점에서 관광은 중요하다. 페로제도는 카리브 해변을 좋아하는 사람들의 관심은 끌지 못하겠지만, 자연 여행을 좋아하는 사람들이라면 독특한 풍광을 즐기며 놀라운 여행을 할 수 있는 곳이다. 겨울에 나타나는 오로라도 즐길 수 있다. 이곳에는 특이한 조류들도 많이 서식한다. 특히 미키네스섬에 사는 독특한 퍼핀(바다새오리)이 눈에 띈다.

© Smit / Shutterstock

인구 통계학상 25~54세에서 성비 불균형이 커지고 있다. 여성 100명당 남성의 수는 116명이다.

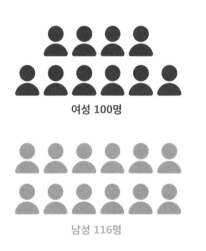

여성 100명

남성 116명

그 외 눈에 띄는 특징이 또 있는데, 바로 페로제도의 인구 통계다. 이곳의 가장 큰 이민자 집단이 모든 면에서 이곳과 다르고 1만km나 떨어져 있는 필리핀 사람들이기 때문이다. 그 뒤를 잇는 이민자 집단은 이웃인 아이슬란드이고, 그다음은 타이이다.

먼 곳에 살던 그들이 이곳에 이민을 온 이유는 최근 수십 년간 심각해진 문화적 문제 때문이다. 보통 이곳 남성들은 학업을 마친 후 가장 일자리가 많은 어업 분야에서 일을 시작한다. 한편 여성들은 해외, 주로 덴마크에서 대학 공부를 하는 것이 일반적이다.

하지만 페로제도에는 전문적 일자리가 많지 않아서 이 여성 중 대다수는 고국으로 돌아오지 않는다. 이로 인해 인구의 불균형이 일어났다. 이곳에 거주하는 여성 100명당 남성 숫자는 108명이다. 이 차이는 25~54세 구간에서 더 커져서 여성 100명당 남성이 116명에 달한다. 이런 상황 때문에 많은 남성이 배우자를 찾는 데 어려움을 겪었다. 그래서 인터넷 만남을 비롯한 다양한 유형의 만남을 통해 많은 아시아인이 이곳으로 와 정착하기 시작했고, 결과적으로 그들은 고국보다 더 나은 생활을 누리게 됐다. 이후 그들의 친구와 가족이 더 많이 이곳에 와 예상치 못한 문화 교류가 이루어졌다. 이 이동은 유전적인 면에서도 긍정적인 영향을 끼치게 될 것이다. 원래 페로제도에서는 근친혼 비율이 높았다. 한 연구에서 이에 대한 놀라운 결과가 나왔다. 페로제도에 살았거나 현재 사는 15만8000명의 연구 대상자 중 14만9000명의 유전자를 거슬러 올라가봤더니 17세기에 23명의 자녀를 뒀던 클레멘트 라우게센 폴레루프Clement Laugesen Follerup라는 사람이 나온 것이다.

페로제도와 필리핀은 매우 다른 나라다. 하지만 오늘날 이민으로 인해 이 춥고 특별한 섬에는 페로인과 필리핀인 사이의 자녀들과 함께 예상치 못했던 현실이 펼쳐지고 있다.

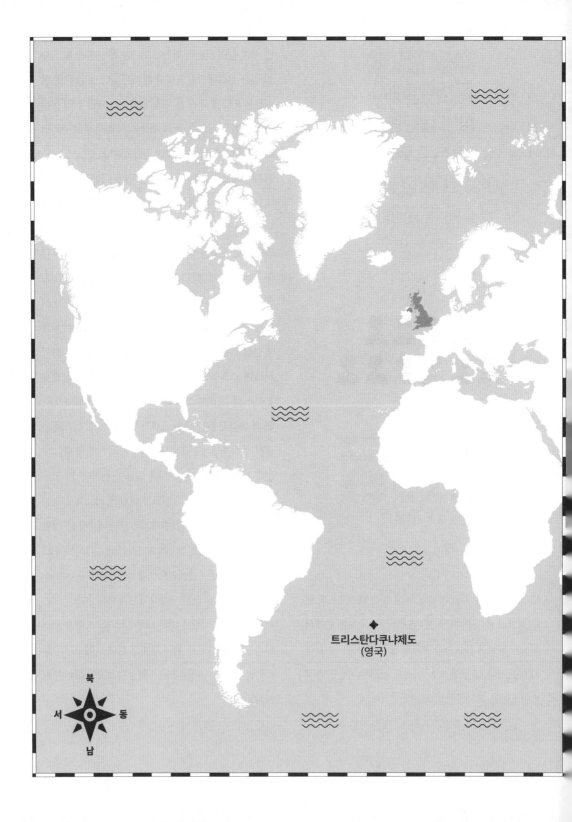

트리스탄다쿠냐제도
(영국)

북
서 동
남

11장

트리스탄다쿠냐제도

지구상
가장 접근하기
어려운 거주지

이 섬에는 성씨가
8개뿐이다

처음 아이가 태어나고
9년 만에 또 다른 아기가
태어났다

인터넷이
텔레비전보다 먼저
들어왔다

리스탄다쿠냐제도는 매력적인 곳이다. 보유한 기록부터 매우 특별하다. 이곳은 사람이 사는 거주지들에서 가장 멀리 떨어진 거주지다. 이 기록은 유튜브 채널의 주제일 뿐만 아니라, 사실 이것 덕분에 처음으로 이 책이 탄생하게 됐다.

이곳은 대서양, 남위 37°선에 있다. 이곳에서 북쪽으로 2437km 떨어진 곳에 세인트헬레나섬이 있는데, 사람이 거주하는 가장 가까운 육지다. 트리스탄다쿠냐제도는 아프리카와 남아메리카의 거의 중간 지점으로, 남아프리카공화국에서 2816km, 브라질에서 3360km 떨어져 있다.

이곳은 1816년에 점령을 시작한 영국이 지금까지 관리하고 있다. 1815년부터 세인트헬레나섬에 갇혀 있던 나폴레옹을 구출하려는 프랑스군의 주둔을 막기 위해 점령한 것인데, 현재 이 두 섬과 더 북쪽에 있는 어센션섬까지 모두 영국령이다.

이곳의 면적은 약 100km²이지만 전체 중 일부 지역에만 사람이 살 수 있다. '에든버러 오브 더 세븐 시즈Edinburgh of the Seven Seas'가 유일하게 개발된 정착지로, 주민 수는 약 270명이다.

화산 열도라서 사람이 살기에 적합하지 않기 때문이다. 북쪽에 작은 평지가 있고, 그 뒤로는 높이 2000m가 넘는 가파른 산악 지형이 있다. 즉, 이곳은 지름이 10km 조금 넘는 섬이지만, 최고 해발 고도는 196개국 중 80개국보다 높다.

이곳에 접근하기 어려운 이유가 멀리 떨어져 있는 거리 때문만은 아니다. 하와이와 라파누이, 아이슬란드도 다른 곳과 멀리 떨어져 있지만, 들어가는 것이 그렇게 어렵지는 않다. 그러나 이 화산섬에는 공항을 세울 수 없어서 배를 타야만 들어갈 수 있다.

이곳에 들어가려면 우선 남아프리카공화국의 케이프타운으로 가야 한다. 거기가 그나마 배를 타고 트리스탄다쿠냐제도에 가장 쉽게 들어갈 수 있는 장소이지만, 물론 쉽지는 않을 것이다. 애초에 케이프타운으로 가는 비행기 편이 1년에 몇 편 없기 때문이다. 어선이나 유람

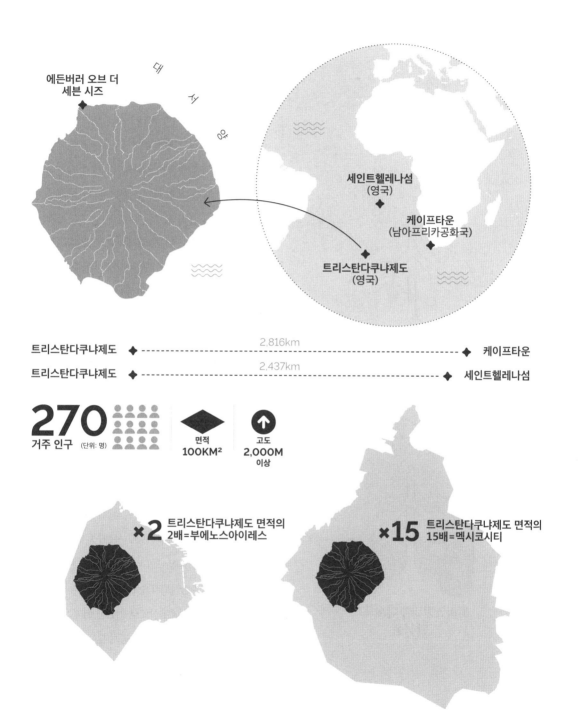

에든버러 오브 더
세븐 시즈

대

서

양

세인트헬레나섬
(영국)

케이프타운
(남아프리카공화국)

트리스탄다쿠냐제도
(영국)

트리스탄다쿠냐제도 ◆ - - - - - - - - 2,816km - - - - - - - - ◆ 케이프타운

트리스탄다쿠냐제도 ◆ - - - - - - - - 2,437km - - - - - - - - ◆ 세인트헬레나섬

270
거주 인구 (단위: 명)

면적
100KM²

고도
2,000M
이상

×**2** 트리스탄다쿠냐제도 면적의
2배=부에노스아이레스

×**15** 트리스탄다쿠냐제도 면적의
15배=멕시코시티

세계에서
가장 높은
천식 발생률

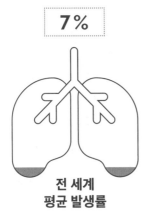

7%

전 세계
평균 발생률

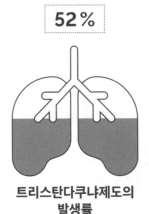

52%

트리스탄다쿠냐제도의
발생률

선을 빌릴 수도 있을 텐데, 그렇게 하면 도착할 때까지 약 6일 동안 물 위에 있어야 한다. 범선을 타는 경우는 18일이 걸린다.

이곳에 도착하면 사람들의 성씨가 여덟 개뿐이라는 사실을 알 수 있는데, 거의 모두가 원주민의 후손이기 때문이다. 그들의 성은 글래스Glass나 그린Green, 헤이건Hagan, 래버럴로Laverello, 레페토Repetto, 로저스Rogers, 스웨인Swain 또는 패터슨Patterson이다. 그 외 다른 성은 없다.

이곳의 이런 유전적 특성은 천식과 같은 질병의 유전적 특성을 이해하는 데 도움이 됐다. 16명의 원주민 중 5명이 천식 환자였기 때문이다. 이 질병은 세대에서 세대로 전달되었고, 오늘날 트리스탄다쿠냐제도의 천식 비율은 전 세계 평균보다 7배나 높다.

또한 이곳에는 사유지가 없고 토지를 공동으로 사용한다. 사람들은 보통 소를 기르거나 감자를 심고, 개인적인 일을 하기도 한다. 특히 어업은 수출이 이루어지는 중요한 활동 중 하나다.

또 다른 경제 활동으로는 엽서와 우표 판매가 있다. 이곳의 우체국은 1년에 여러 번 다양한 우표 시리즈를 발행한다. 그리고 이것은 전 세계의 수집가들에게 우편으로 배포된다. 이런 활동은 1952년부터 시작했는데, 불가항력의 사건이 트리스탄다쿠냐제도를 뒤흔든 1961년을 제외하고 오늘날까지 확고하게 유지되는 중이다. 예외였던 그해에는 휴화산으로 여겼던 퀸메리 화산이 폭발해서 큰 소동이 일어났다. 당시 모든 주민은 이곳에서 몇 킬로미터 떨어진 무인도인 나이팅게일섬으로

이 섬에는 <mark>87개의 성씨</mark>만 있는데, 글래스, 그린, 헤이건, 래버럴로, 레페토, 로저스, 스웨인, 패터슨이다.

급히 대피했다. 물론 이후에는 구조되어 영국으로 보내졌고, 그들은 거의 2년 동안 난민으로 살아야 했다. 그리고 1963년이 되어서야 그들은 에든버러오브더세븐시즈로 돌아올 수 있었다. 그들은 브리튼제도에 있을 수도 있었지만, 거의 모두가 자기 집으로 돌아가기로 결정했다.

사람들이 이곳에 호기심을 갖는 요인에는 몇 가지가 더 있다. 여기서 솔직히 고백하자면, 이곳은 우리 유튜브 채널의 첫 번째 영상이었고, 그 외 다른 열 개의 에피소드 영상에서도 이곳 이름이 등장한다.

유튜브에서 여러 상황에서 격리된 이야기를 할 때 이곳을 언급했고, 다른 비슷한 기록을 언급할 때도 비교의 대상이 됐다. 예를 들어 부베섬은 전 세계에서 가장 외딴 섬이다. 하지만 사람이 사는 곳이 아니기 때문에 트

리스탄다쿠냐제도와는 다르다. 라파누이나 핏케언제도를 비롯한 다른 외딴 섬들도 있지만, 트리스탄다쿠냐제도의 기록과는 비교할 수 없다. 그렇다, 그 섬들에는 우호적인 사람들이 살지 않는다.

또한 예멘의 섬인 **소코트라** 이야기에서도 이곳을 언급했다. 그 섬은 16세기에 포르투갈 탐험가 트리스탕 다쿠냐가 도착했던 곳이다.

엘찰텐에 관한 이야기에서도 가장 바람이 많이 부는 곳들을 언급하면서 트리스탄다쿠냐제도를 빼놓을 수 없었다. 여전히 존재하는 모든 식민지를 살펴볼 때도 이곳이 언급됐다. 유엔에 따르면, 이곳은 지구상 17개 비자치 영토 중 하나다. 현재 이 섬에는 정당이나 노조가 없다. 왕이 세인트헬레나섬에 거주하는 주지사를 선택해서 이곳의 관리자로 임명한다.

전 세계에 몇 개의 대륙이 있는지 생각할 때도 이 섬으로 눈을 돌리게 된다. 지리적 요인 때문에 그 대답이 쉽지는 않지만 말이다. 이곳은 거의 아프리카만큼 미국에서 멀리 떨어져 있다. 실제로 이곳은 남아메리카판과 아프리카판의 경계다. 동시에 이곳은 우리가 해저에 대한 동영상에서 언급했던 대서양 중앙해령Mid-Atlantic Ridge의 돌출 지역 중 하나다. 아이슬란드도 마찬가지인데, 판의 기준에 따라 아메리카나 유럽의 일부가 될 수 있다.

마지막으로, 우리는 인터넷에 쉽게 접속하도록 하는 해저 케이블 이야기에서도 이곳을 언급했다. 그 영상에서는 이 섬이 이런 기술이 들어오지 않는 곳 중 하나이므로 연결 가능성이 낮다고 말했었다. 이곳의 인터넷 속

© Maloff / Shutterstock

도는 수십 년 전에 상상했던 바로 그 속도였다. 하지만 항상 이렇게 뒤처져 있었던 건 아니다. 최초의 인터넷 연결은 1998년에 전화로 이루어졌다. 2006년에는 위성 기술이 통합되면서 조금 개선됐다. 하지만 속도가 256Kbps를 넘지 않기 때문에 스트리밍은 물론 대용량 파일 다운로드를 기대할 수는 없다. 또 여기는 이동통신망도 없어서 스마트폰이 거의 보급되지 않은 지역이다. 스마트폰이 쓸모없기 때문이다.

인터넷 사용은 1998년에 가능해졌는데, 그렇게 늦은 건 아니었다. 당시 인터넷 기술은 초기 단계였으니 말이다. 하지만 이상한 점은 그제야 첫 텔레비전 생방송을 앞두고 있었다는 점이다. 그리고 3년 뒤에 이곳에 텔레비전이 들어왔다. 21세기가 되어서야 20세기의 위대한 미디어 중 하나가 이곳에 상륙한 것이다.

이렇게 호기심을 자극하는 이 땅에서 코로나19 이야기도 지나칠 수 없을 것 같다. 예상대로 이 섬은 너무 고립되어 사람들을 격리할 필요가 없었다. 제한적이지만 항구에 도착한 배를 잘 통제하는 걸로 충분했다. 실제로 이곳 사람들은 고립 때문에 이런 상황에서 유리하다는 것을 잘 알았다. 보통 계절성 독감도 이 섬에 들어오지 않아서 감기도 매우 드물기 때문이다. 하지만 말한 것처럼 고립 때문에 이곳에서는 높은 비율로 근친혼이 발생한다.

전 세계에 영향을 준 이 전염병이 이곳에서도 예외가 아니었던 것이, 관광객 유입이 줄었기 때문이다. 물론 드문 일이긴 하지만, 매년 유람선 몇 척이 이곳에 온다. 또 한편으로 이곳 사람들도 대륙으로의 여행이 매우 줄어들어서 독자적으로 도구를 보강하고 독립성을 높여야 했다.

몇 년 전부터 이곳의 임산부들은 출산을 위해 케이프타운으로 간다. 그곳 의료 시설이 훨씬 더 낫기 때문이다. 그러나 팬데믹 상황에서 갈 수 없게 되면서, 2011년 이후 처음으로 이 섬에서 아이가 태어났다. 바로 2020년 8월 10일 글렌다와 필립 사이에서 태어난 앨피 패트릭 닐 로저스라는 남자아이였다.

아마도 그는 평생 지구상에서 가장 접근하기 어려운 거주지인 트리스탄다쿠냐제도에서 태어났다는 말을 들으며 살게 될 것이다.

1998년에 처음으로 **인터넷**이 들어왔고, 3년 후 **텔레비전** 생방송이 시작됐다.

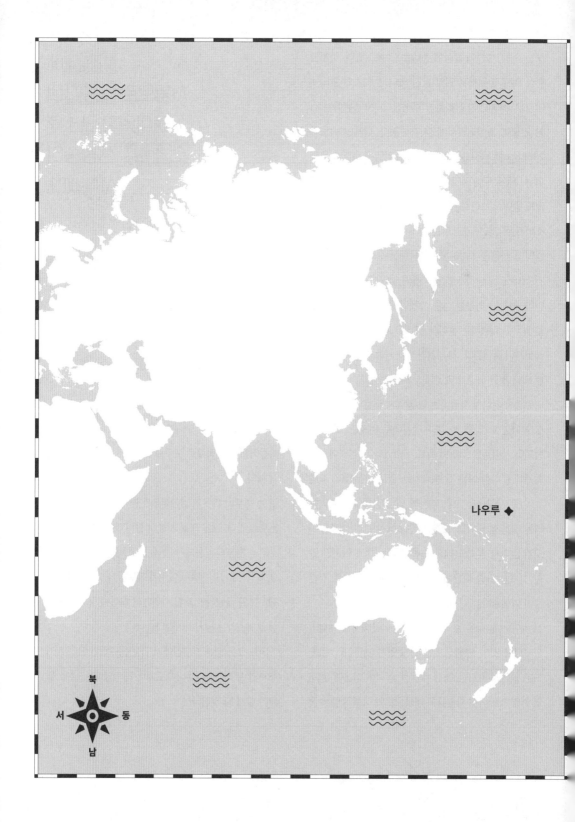

12장

나우루

잘못된 결정이 내려진 섬

40년 전에는
세계에서 부유한 나라에
속했다

수도가 없고, 기온이
20℃ 아래로 내려간
적이 없다

행정 실책과
부정부패, 비만 등 다양한
문제가 있다

오스트레일리아와 브라질, 캐나다, 튀르키예 사이에는 공통점이 있다. 수도가 나라에서 인구가 가장 많거나 유명한 도시가 아니라는 점이다. 각국의 수도인 캔버라, 브라질리아, 오타와, 앙카라에 중앙정부 소재지가 있지만, 그곳들은 시드니, 리우데자네이루, 토론토, 이스탄불 등 다른 중심 도시들 때문에 큰 명성을 얻지 못한다. 볼리비아와 남아프리카공화국 사이에도 공통점이 있다. 수도를 말할 때 하나 이상의 도시 이름을 대야 한다. 즉, 수크레는 볼리비아의 역사적·헌법적 수도이고, 정부 소재지는 라파스이다. 남아프리카공화국의 경우는 프리토리아가 행정수도, 블룸폰테인이 사법수도, 케이프타운이 입법수도다.

그중에서도 가장 낯선 수도를 들자면 여전히 스위스가 뽑힐 것이다. 이곳의 정부 소재지는 베른에 있다. 이곳은 취리히나 제네바보다 인구가 적고 인지도가 낮다. 하지만 그렇다고 해서 수도가 될 수 없다는 규정은 어디에도 없다. 이런 점에서 이 헬베티아인들의 국가*가 여기에서 다룰 작은 해양 국가와 비슷하다.

나우루는 오스트레일리아에서 북동쪽으로 약 4000km, 적도에서 남쪽으로 약 42km 떨어져 있다. 이 나라의 국기는 이곳 위치를 상징적으로 드러낸다. 한쪽 끝에서 다른 쪽 끝을 가로지르는 수평선 바로 아래에 별 모양이 그려져 있다.

주변 국가들과 달리 나우루는 여러 섬이 아닌 하나의 섬으로 이루어져 있다. 그리고 면적은 겨우 21km² 정도다. 따라서 약 3시간 정도면 걸어서 이 섬을 한 바퀴 돌 수 있다.

따라서 국제적으로 인정받는 나라 중에서 이곳보다 작은 나라는 모나코와 바티칸시국 딱 두 곳뿐이다. 거주 인구는 1만 1000명이 조금 넘으며, 바티칸과 투발루 다음이다. 따라서 이 나라의 이름은 인구가 적은 나라의

* 스위스는 독일 지역의 헬베티아인Helvetian들이 남하하여 정착한 나라이다.

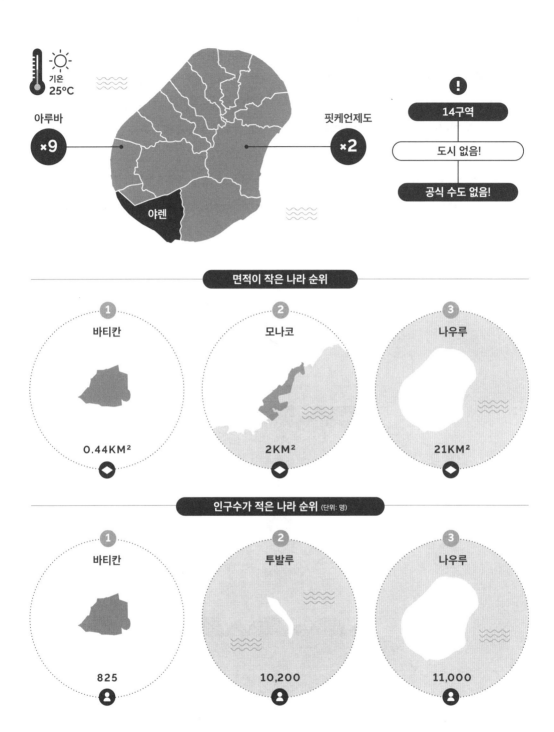

기온
25°C

아루바
×9

핏케언제도
×2

야렌

14구역

도시 없음!

공식 수도 없음!

면적이 작은 나라 순위

1 바티칸
0.44KM²

2 모나코
2KM²

3 나우루
21KM²

인구수가 적은 나라 순위 (단위: 명)

1 바티칸
825

2 투발루
10,200

3 나우루
11,000

통계에 지속적으로 등장한다.

지금 이곳에는 행정적 문제가 있다. 14개 구역으로 나뉘지만, 도시나 공식 수도가 없기 때문이다. 많은 사람은 정부가 있는 야렌Yaren을 수도로 생각하지만, 공식적인 건 아니다. 이는 스위스 베른의 경우와 비슷하다. 나우루와 스위스의 공통점은 이것만이 아니다. 물론 이렇게나 다른 두 나라 사이의 공통점을 찾자면 더 노력해

야 한다. 스위스는 전 세계에서 가장 부유한 나라 중 하나다. 해마다 1인당 국내총생산GDP이 가장 높은 5~10개 국가에 들어가기 때문이다. 나우루도 반세기 전에만 해도 부유한 측에 속했다. 하지만 그 마법은 그리 오래 가지 못했다.

과거에는 어떻게 그렇게 부유할 수 있었을까? 나우루를 모르는 사람들은 그 이유를 추측하기가 어려울 것이

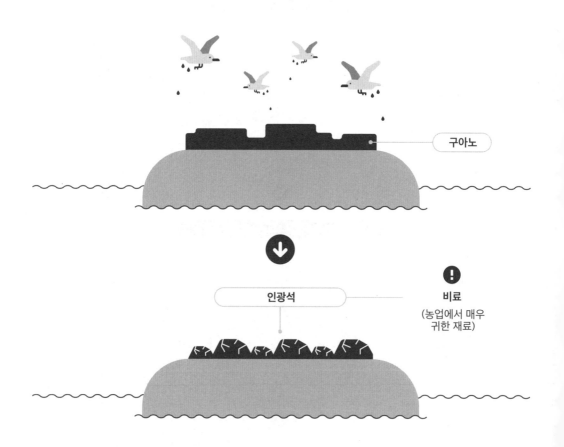

다. 그것은 바로 새의 배설물 덕분이었기 때문이다. 즉, 그들을 부유하게 만들어준 자원은 인산염이었다. 인산염은 그곳에서 일어난 두 가지 과정을 통해 생성됐다. 지질학자들에 따르면, 역사상 이 섬은 수중으로 가라앉았다가 여러 번 다시 떠오르면서 표면에 해양 생물 퇴적물을 축적했다. 수천 년 동안 이 섬에 배설물을 남긴 새들도 도움이 됐다. 이런 퇴적물이 인광석을 만드는 거대한 구아노 층Guano layer*을 형성했기 때문이다. 참고로 이것은 비료로 쓰이기 때문에 농업에서 매우 귀한 재료다.

20세기 초, 이 섬은 부유했다. 그리고 1968년에는 오스트레일리아로부터 독립했는데, 천연자원 덕분에 매우 풍요로운 발전을 이뤘다. 1970년대부터 1980년대까지 나우루는 연간 소득이 5만 달러 이상으로 1인당 국민소득이 세계 상위권이었다.

하지만 이 소득은 고르게 분배되지 않았고, 진짜 부자는 소수였다. 그럼에도 나우루인들은 세금을 내지 않았고, 실업자도 없었으며, 교육·의료 서비스와 대중교통을 이용할 수 있었다. 그리고 뛰어난 학생들은 오스트레일리아의 대학에서 공부할 수 있도록 장학금도 받았다. 당시 그들이 어떤 태도로 살았는지 이해하려면 1982년에 〈뉴욕 타임스〉에 실린 기사를 참고해봐도 좋을 것 같다. 언론인 로버트 트럼불Robert Trumbull이 천연자원의 궁극적인 고갈에 관해 질문하자 전 재무부 장관 제임스 밥James Bop은 그곳의 좌우명을 말해주었다. "내일 일

1980년대까지 나우루는 연간 소득이 5만 달러 이상으로 1인당 국민소득이 세계 상위권이었다.

은 내일 걱정하라."

내일 일은 저절로 해결되는 게 아니었고, 자원은 차차 고갈되었다. 하지만 '자원의 저주'라는 핑계를 대기에는 천연자원을 잘 관리할 수 있음을 보여준 노르웨이라는 사례가 있었다.

1990년대 들어 자원 고갈 문제가 생기고 이후 부정부패와 행정적 실책이 더해지면서 이들은 과감한 결정을 내려야 했다. 나우루인들은 그동안 오스트레일리아에 투자해 보유했던 대형 타워와 호텔, 섬과 외부 세계를 연결하는 유일한 비행기를 매각했다.

---

*　건조한 해안 지역에서 바닷새의 배설물이 응고·퇴적된 것.

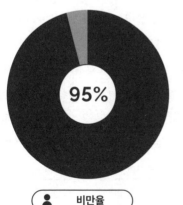

코로나바이러스가
들어오지 않았다!

세계에서 비만율이
가장 높은 나라

95%

👤 비만율

이곳은 압하스의 독립을 인정하는 다섯 국가 중 하나다.

하지만 연이어 많은 실수가 이어졌다. 이곳 통치자들은 모든 국가가 평등하게 존재하는 상황을 떠올렸다. 예를 들어 유엔 총회에서는 모든 국가가 평등하게 한 표의 권리를 행사한다. 과연 이런 상황에서 나우루는 무엇을 했을까? 국제기구에서 자국의 투표권을 팔기 시작했다. 또한 조세 회피처라는 다른 대안도 모색했지만, 계획대로 잘되지는 않았다.

그러자 그들은 또 다른 방법을 찾아냈다. 경제 지원을 얻는 대가로 몇몇 지역을 주권 국가로 인정해주기로 한 것이다. 예를 들어 조지아 영토인 압하스는 독립을 원하지만 전 세계에서 단 다섯 국가만이 주권을 인정한다. 그중 한 곳이 물론 **나우루**이고, 그 외 니카라과, 시리아, 러시아, 베네수엘라가 있다. 또한 나우루는 중국과 타이완이 분쟁할 때도 각국과의 경제 관계에 따라 입장을 바꾸었다.

하지만 이런 조처로는 문제가 해결되지 않았고, 계속 경제적으로 궁지에 몰렸다. 그러자 나우루는 또 다른 잘못된 생각을 하기 시작했다. 이번에는 오스트레일리아와 함께 도모한 일이었다. 그들의 계획은 다음과 같았다. 오스트레일리아는 자국에 도착한 난민들을 책임지고 싶어 하지 않았다. 그래서 망명 신청을 검토하는 동안 난민들을 나우루로 보냈다.

그 결과 2013년부터 난민들은 나우루 구금 센터로 이송됐고, 그동안 오스트레일리아는 이들의 망명 허용 여부를 평가할 시간을 벌고자 했다. 고향에서 전쟁을 피해 온 난민들은 열악한 환경에서 인간 이하의 대접을 받으며 몇 년을 지내야 했다. 몇몇 비정부기구는 이 센터에 있는 사람들이 겪는 심각한 질병들에 대해 경고했다. 테니스 선수 노박 조코비치처럼 좋은 변호사를 선임할 수 있는 난민은 없었기 때문이다.*

이렇게 오스트레일리아는 난민 한 명당 한 달에 약 1000달러를 나우루에 지급해 나우루의 재정 상태를 정상 궤도로 올려놓았다. 그 돈을 난민들의 더 나은 미래를 위해 쓰는 게 더 나은 선택이 아니었을까 하는 의문을 지울 수가 없다.

이렇게 잘못된 행정 문제와 도덕적으로 미심쩍은 대외 관계 외에도 이 나라에는 뿌리 깊은 건강 문제가 있다. 전 세계에서 비만율이 가장 높은 곳이기 때문이다. 세계보건기구에 따르면, 주민의 95%가 비만이다. 〈월드 팩트북〉**에 따르면, 나우루인의 61%가 다른 나라 사람들과 비교해서 비만이다.

이는 경제적 번영기에 섬 주민들이 모든 식량을 수입하는 데 익숙해졌기 때문이다. 그들은 어업을 포기하고 정크푸드를 받아들였다. 이러한 상황은 지역 공통의 문제로 볼 수도 있는 게, 일부 태평양 섬도 과체중에 비만율이 높기 때문이다.

비교적 일반적이지 않은 방식으로 장소를 탐험하고자 하는 호기심이 일어날 수 있으므로, 나우루를 방문할 생각이 있는 분들을 위해 미리 두 가지를 말해줘야 할 것 같다. 우선 이곳의 좋은 점은 보온용 옷을 가져갈 필요가 없다는 것이다. 역사상 일 최저 기온이 20℃ 이하로 내려간 적이 없기 때문이다. 안 좋은 점도 있는데, 호텔이 두 개뿐이고, 별다른 관광지가 개발되지 않아 즐길 만한 곳이 없다.

그래도 가보고 싶다면 야렌에 있는 나우루국제공항에 내리게 될 것이다. 하지만 비행기에서 내린들 수도에 있지는 않을 것이다. 왜냐하면 이 나라에는 수도가 존재하지 않기 때문이다.

---

*   노박 조코비치는 오스트레일리아 오픈 테니스대회에 출전하기 위해 왔다가 코로나19 백신 미접종 때문에 입국을 거부당했다. 하지만 그는 오스트레일리아 정부의 비자 취소를 무효화시켜 승소했다.

** 미국 중앙정보국CIA에서 매년 정기적으로 발간하는 책으로, 전 세계 국가들의 정치·경제·사회 정보가 수록되어 있다.

다이오미드제도
(러시아-미국)

북
서 ◈ 동
남

13장

다이오미드제도

미래를
볼 수 있는 곳

두 섬 사이의 거리는
3.7km이고, 시차는
21시간이다

러시아에서 미국까지
걸어서 갈 수 있다

이곳에서는 세계
고속도로를 생각해볼
수 있다

개와 얼음으로 뒤덮인 춥고 척박한 곳, 냉전 시대에 이상한 역할을 했고, 서로 다른 시간대 덕분에 예상치 못한 호기심을 불러일으키는 곳. 이 모든 서술은 모두 다이오미드제도를 가리킨다.

다이오미드제도는 태평양 북부, 유라시아와 아메리카 대륙이 근접해 거리가 몇 킬로미터밖에 떨어지지 않은 곳에 위치해 있다. 즉, 이곳은 베링해협의 한가운데에 있다. 이 제도의 서쪽에는 러시아령인 빅다이오미드섬Big Diomede Island이 있다. 거기서 동쪽으로 3.7km 떨어진 곳에 미국령인 리틀다이오미드섬 Lttle Diomede Island이 있다.

각 섬의 상황을 간단히 비교해보자. 러시아령인 빅다이오미드섬은 현지 에스키모 언어로 이마클리크Imaqliq 라고 불리고, 면적은 약 29km²다. 이것은 라파누이 면적의 거의 5분의 1에 해당한다. 이곳은 러시아의 83개

연방 주체 중 최동북부에 위치한 추코트카Chukotka 자치구에 속한다.* 그리고 지금은 사람이 살지 않지만, 처음부터 그랬던 건 아니다.

한편 미국령인 리틀다이오미드섬은 이날리크Inaliq라는 이름으로 알려져 있다. 면적은 7km²정도이고, 알래스카주에 속하며 최근 인구 조사에 따르면 주민 수는 약 115명이다. 인구가 적은 편이고, 그들은 원주민의 후손이다. 그리고 이곳은 매우 고립된 섬이라 사람이 살기에 힘들고 험하다. 그곳에 갈 수 있는 수단은 헬리콥터뿐이다.

또한 북위 65°선에 있어서 기후가 온화하지 않다. 기온이 낮아서 1년에 몇 달간은 바닷물이 완전히 얼어붙는다. 상황이 이렇다 보니 얼음 위를 걸어서 한 섬에서 다른 섬으로 이동할 수 있다. 미국에서 러시아까지 걸어갈 수 있는 것이다. 이것은 지구상 그 어느 곳에서도 일어날 수 없는 일이다. 물론 이론적으로는 걸어갈 수 있지

---

* 현재는 우크라이나 국경 내 분쟁 지역까지 포함하면 89개이고, 이 중 4개는 국제사회 승인을 받지 못했다.

만, 실제로는 불법이다. 이 두 곳에는 세관이 없기 때문이다. 워싱턴에서 모스크바까지 거리는 약 7800km이지만, 이 섬들 사이의 거리는 고작 3.7km다.

어떻게 이런 일이 벌어졌는지 이해하려면 수십 년 전으로 거슬러 올라가야 한다. 역사적으로 이 양쪽 섬의 해안가에는 원주민들이 살았다. 그런데 1867년부터 상황이 완전히 달라지기 시작했다. 당시 미국은 러시아로부터 알래스카 영토를 사들였다. 그러면서 두 나라의 국경은 베링해협 한가운데에 있는 다이오미드제도의 중간 지점으로 결정됐다. 그 결과 그 지역에 살던 사람들은 서로 다른 나라에 살게 됐다. 당시에는 그것이 그다지 큰 문제가 아니었지만, 이후에는 매우 중요해졌다.

이런 관할권의 변화로 또 다른 중대한 문제가 생겼다. 알래스카는 달력을 미국 다른 지역의 달력과 맞추어야 했다. 그 결과 양쪽 섬 사이에 국제 날짜변경선이 놓였다. 설상가상으로 러시아는 그레고리력으로 통합하지 않고, 계속 율리우스력을 사용했다. 따라서 미국이 알래스카를 인수했을 때 알래스카는 날짜를 11일 건너뛰어야 했다. 주민들은 특별한 변화를 겪을 수밖에 없었다. 즉, 그들은 1867년 10월 6일 금요일에서 1867년 10월 18일 금요일로 뛰어넘었다. 물론 그것은 영화 〈백 투 더 퓨처〉의 괴짜 과학자인 에멧 브라운 박사와 전혀 상관없는 일이었다.

현지인들이 겪은 혼란은 그뿐만이 아니었다. 제2차 세계 대전 이후 상황은 더 많이 달라졌다. 냉전이 시작되고 미국과 소련 사이의 긴장이 고조되면서, 유럽에서는 철의 장막*에 대한 글이 만연했다. 한쪽에서는 북대서양조약기구NATO 회원국들이, 다른 한쪽에서는 바르샤바조약기구WTO 회원국이 그 글들을 썼다. 하지만 수십 년간 다이오미드제도를 나눈 소위 '얼음 장막'을 언급한 언론은 매우 적었다. 이 경우는 동맹국이 아닌, 두 초강대국 간의 직접적인 경계였기 때문이다.

소련은 위험을 줄이기 위해 정착민들에게 거주지를 떠날 것을 강요했다. 따라서 그들은 자신들의 뿌리와 관습과 멀리 떨어진 대륙으로 옮겨가게 됐다. 이런 식으로 가족들은 뿔뿔이 흩어졌고, 많은 경우 그들은 다시

얼음 장막은 수십 년 동안 다이오미드제도를 갈라놓았다. 이것은 미국과 소련 사이의 직접적인 국경선이었다.

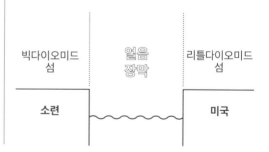

빅다이오미드 섬 | 얼음 장막 | 리틀다이오미드 섬

소련 | 미국

---

* 제2차 세계 대전 이후 1991년에 냉전이 종식될 때까지 유럽을 상징적·사상적·물리적으로 나누던 경계를 부르던 서방 세계의 용어.

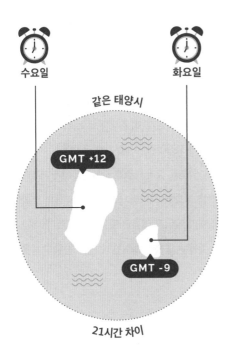

수요일

화요일

같은 태양시

GMT +12

GMT -9

21시간 차이

태양시가 같고,
두 섬 간의
거리는 불과
3km지만,
시차는 21시간이다.

는 서로 볼 수 없었다.

요컨대 이곳은 수천 킬로미터 떨어진 곳에서 수년 전에 내려진 정치적 결정이 사람들의 삶에 어떤 영향을 미칠 수 있는지를 보여주는 좋은 예다. 1867년, 어느 나라가 자국 영토를 팔기로 했다. 그리고 60년 뒤 팔리지 않았던 섬에 살던 사람들은 영원히 집을 떠나야 했다.

이런 상황은 수십 년 동안 계속됐다. 1980년대, 냉전 시대가 한창이던 때 다이오미드제도에서 매우 유명한 횡단 사건이 발생했다. 미국인 린 콕스Lynne Cox가 분쟁의 긴장을 낮추기 위해 한 섬에서 다른 섬으로 수영을 해서 건넜다. 양국 정상인 미하일 고르바초프와 로널드 레이건도 이 행사를 축하했다.

그곳에서 가장 이상한 점은 시계가 가리키는 시간이다. 태양시가 같고, 두 섬 간의 거리는 불과 3km지만, 시차는 21시간이다. 즉, 미국 섬이 화요일 오전 10시면, 러시아 섬은 수요일 오전 7시가 된다. 따라서 리틀다이오미드섬에 서서 동쪽을 바라보면 말 그대로 내일을 볼 수 있다.

한편 다이오미드제도의 위치는 지정학적으로 더 중요해졌다. 지구의 기온 상승으로 모든 북극 지역이 1년 중 항행 가능한 달이 늘었고, 그 결과 선박과 교역의 흐름도 늘었기 때문이다.

하지만 무엇보다도 다이오미드제도는 2008년에 정치적인 이유로 매우 유명해졌다. 당시 알래스카 주지사였던 세라 페일린Sarah Palin은 공화당 대통령 후보인 존 매케인John McCain과 함께 부통령 후보로 출마했다. 당시 그녀는 미국의 보수·극우 정치운동인 티파티Tea

Party movement에서 눈에 띄는 인물 중 하나였다.

하지만 세라 페일린에 반대하는 사람들은 그녀가 그 자리에 오를 정도로 경험이 충분하지 않다며 비난했다. 한 인터뷰에서 그녀는 자기 집에서 러시아가 보이고, 러시아인들은 그녀의 이웃이며, 그녀에게 국제 정치 무대에 오를 자격을 주었다고 말했다. 우리가 알다시피 다이오미드제도에서 이 말은 사실로 통한다. 하지만 그녀는 러시아에 방문한 적이 없었고, 그런 주장을 분명히 설명하고자 했지만 쉽지 않았다. 그 선거에서는 버락 오바마가 승리를 거두었다. 그녀의 선거 캠페인, 특히 러시아 관련 실언은 2012년 영화인 〈게임 체인지〉에도 나온다. 줄리앤 무어가 그 사건으로 비웃음을 샀던 부통령 후보를 연기했다.

다시 다이오미드제도로 돌아와서, 사람들은 이곳에 대해 오랜 환상을 품어왔다. 과연 자동차로 전 세계를 갈 수 있는 고속도로를 건설하는 게 가능할까? 예를 들어 아프리카에서 시작해 유럽을 거쳐 아시아를 지나고 아메리카 전역으로 이동할 수 있을까? 단, 오세아니아까지 포함하면 일이 더 복잡해지므로 여기에서는 제외하도록 하자.

물론 아프리카와 유라시아까지는 가능하다. 수에즈운하로 통하는 다리로 육로 이동이 가능하기 때문이다. 하지만 북아메리카와 남아메리카는 육로로 이동할 수 없으므로 **다리엔 지협**의 문제를 해결해야 한다. 이것은 큰 도전이 될 것이다. 또 다른 하나가 바로 러시아에서 미국까지 가는 방법이다. 그 열쇠는 여기 다이오미드제도가 쥐고 있다.

다이오미드제도는 수천 킬로미터 떨어진 곳에서 내려진 정치적 결정이 어떻게 사람들의 삶에 영향을 미칠 수 있는지를 보여주는 좋은 예다.

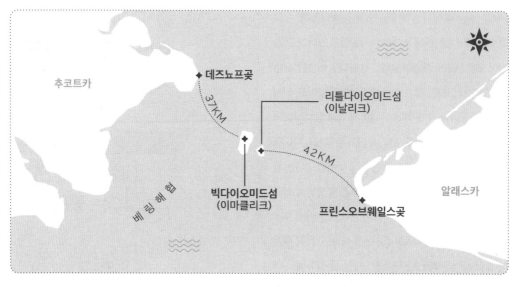

빅다이오미드섬		리틀다이오미드섬
0 거주 인구 (단위: 명)	3.7KM	**115** 거주 인구 (단위: 명)
면적 **29KM²**		면적 **7KM²**

이 두 곳을 연결하는 다리의 건설 가능성이 오랫동안 논의되어왔다. 러시아의 데즈뇨프곶과 미국의 프린스오브웨일스곶을 연결하려면 다리 82km를 건설해야 하는데, 그곳 환경을 고려하면 좋은 생각으로 보인다. 다이오미드제도를 이용한다면 방법이 달라진다. 이곳에서 러시아 쪽으로 37km의 다리를, 미국 쪽으로 42km의 다리를, 그리고 두 섬 사이에 3km의 다리를 놓아야 한다. 하지만 수심이 55m에 달해 실현 가능성을 확실하게 말할 수가 없다. 이렇게 해결해야 할 문제는 많지

만, 어쨌든 건설은 가능할 것으로 보인다.

그 작업에 착수한다 치면, 추위 때문에 따뜻한 달에만 가능하다. 1년 중 7개월은 공사를 중단해야 하므로 공사가 장기간 지연될 수 있다. 또한 해빙기인 봄에는 거대한 빙산이 이동하며 다리와 부딪힐 수 있으므로 구조가 아주 단단해야 한다.

만일 이 다리가 건설된다면 철도와 송유관이 지나가도 좋을 것 같다. 그러면 미국은 러시아의 자원 매장지에 직접 접근할 수 있고, 이는 큰 경제적 동기가 될 것이다.

어쨌든 기술적 문제가 해결된다고 가정하면, 두 지점을 연결할 수 있게 된다. 그러면 비유적으로 말해서 아무것도 없는 곳에서 아무것도 없는 곳으로* 가는 다리가 생길 것이다. 왜냐하면 양쪽이 다 매우 외딴 지역들이기 때문이다.

러시아 쪽에서는 마가단으로 가는 길이 하나뿐이다. 이는 뼈의 길 Road of bones (콜리마대로)**인데, 가장 추운 도시인 **오이먀콘**으로 가는 길이기도 하다. 여기에다 베링해협에 도달하려면 2000km쯤 추가로 건설해야 한다.

미국 쪽이라고 상황이 더 간단한 건 아니다. 대륙의 나머지 지역은 페어뱅크스부터 연결되기 때문에, 페어뱅크스까지 약 850km의 길을 건설해야 한다.

그리고 이 모든 거대한 건설 작업에는 약 1500억 달러가 들 것으로 예상된다. 송유관이 경제적인 면에서 도움이 되는 건 사실이지만, 오늘날 실행 가능한 공사가 되기는 어려워 보인다. 배나 비행기처럼 상황에 따라 더 경제적이거나 빠른 방법이 있기 때문이다.

어쩌면 이 다리는 한때 연결되어 있던 길을 지금 다시 연결하는 것일 수도 있다. 2만5000년 전 마지막 빙기의 한랭했던 시기에 바다의 수위가 낮아져서 이 지역 전체가 육지였기 때문이다. 이곳을 통해 아메리카대륙의 인구가 이주하기 시작했다는 것은 어느 정도 합의된 사실이다.

이곳은 내일(혹은 어제)을 볼 수 있는 곳, 금요일이 지나면 또 다른 금요일이 오는 곳, 냉전 시기 두 강대국의 직접적인 경계이다. 이 모든 다양한 모습을 가진 곳이 바로 다이오미드제도다.

* '아무것도 없는 곳에서 아무것도 없는 곳으로'라는 말은 의미나 중요성이 없는 무의미한 일이나 상황을 뜻한다.
** P-504 고속도로를 건설하다 사망한 노동자들을 그대로 이곳에 매장했다고 해서 이러한 별칭이 생기게 됐다.

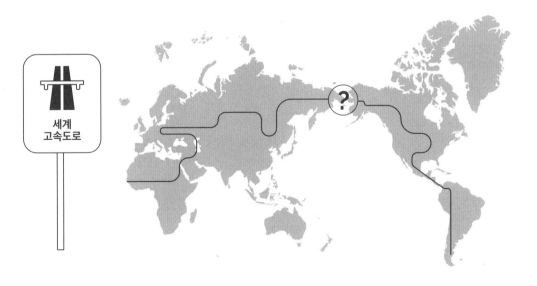

14장

지브롤터

유럽에서 가장 이상한 곳

현지에서 쓰는
스팽글리시spanglish와
길가의 원숭이들

이상한 지중해
배수 프로젝트

전 세계에서
두 번째로 짧은
국경

 나라요. 프랑스와 포르투갈. 아, 안도라도 있네요. 그러고 보니 세우타*와 멜리야**로 통하는 모로코도 있군요. 그러니까 총 네 나라예요." 이것은 "에스파냐는 몇 개국 국경과 접하고 있을까?"라는 질문에 지리학적 지식이 그다지 많지 않은 사람이 할 수 있는 대답이다. 보통 이런 사람들은 여기에 영국은 넣지 않는다. 하지만 그 답은 지브롤터에서 찾아볼 수 있다. '지브롤터'는 다양한 현실을 설명하는 다의적 단어다. 한편으로 더 록The Rock으로 알려진 유명한 바위산을 가리키는데, 이것은 경사가 매우 가파른 해발 고도 426m의 암석 덩어리다.

지브롤터반도라고 부를 수도 있는데, 이 바위산이 본토와 연결되어 있기 때문이다. 하지만 더 많이 알려진 말은 지브롤터해협으로, 대서양 해역이 지중해 해역과 만나는 곳이기 때문이다. 이곳에서 유럽과 아프리카는 불과 14km 정도 떨어져 있다.

하지만 많은 사람의 생각과는 달리 이곳은 대륙의 최남단 지점이 아니다. 지브롤터의 최남단에는 유로파 포인트Europa Point가 있다. 거기서 서쪽으로 몇 킬로미터 더 가면, 카디스***에 푼타데타리파Punta de Tarifa가 있는데, 이곳을 대륙의 최남단으로 본다.

지브롤터에 관해서 이야기하자면, 이곳은 매우 특별한 정치적 지위를 가진 도시다. 유엔에 따르면, 이곳은 세계 17개의 비자치 영토 중 하나다. 2019년 유럽연합도 이곳을 영국의 식민지로 명명했다.

이곳의 면적은 6.8km²이고, 거주 인구는 약 3만3000명이다. 인구밀도가 매우 높은 편인데, 모든 국가와 속령屬領 가운데서 순위를 매기자면 이곳은 마카오, 모나코, 싱가포르, 홍콩에 이어 다섯 번째다.

---

*　아프리카 북단 지중해 연안에 있는 작은 도시로, 모로코와 국경을 맞대고 있는 에스파냐 자치령.
**　아프리카 북부에 있는 에스파냐 항구도시로 모로코와 맞닿아 있다.
***　에스파냐 남서부 안달루시아 자치지역에 있는 항구도시.

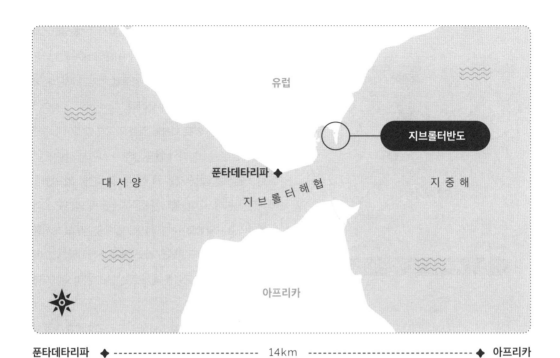

지브롤터반도

푼타데타리파 ◆

지브롤터 해협

대 서 양

지 중 해

아프리카

푼타데타리파 ◆ ----------------------------- 14km ----------------------------- ◆ 아프리카

하지만 영토가 너무 작아서 에스파냐와 영국 사이의 국경선은 1200m에 불과하다. 이 국경선 길이는 보츠와나와 잠비아의 국경선 다음으로 세계에서 두 번째로 짧다. 에스파냐 쪽에는 리네아데라콘셉시온Línea de la Concepción이라는 도시가 있다. 이곳의 주민 7만 명 중 1만 1000명이 지브롤터에서 일하기 위해 매일 이 국경을 건너는 것으로 추정된다.

지브롤터는 영국령이지만, 에스파냐와 연결되어 있어서 야니토Llanito라는 자체 지역 언어를 사용한다. 이것은 안달루시아 억양이 있는 에스파냐어와 영어가 혼합된 언어다. 이 언어는 매우 특징적이어서 이곳 사람들을 지칭하는 말로도 쓰인다. 즉, 지브롤터인들을 야니토스

Llanitos라고 부르기도 한다.

이곳은 영국제도와 멀리 떨어져 있는데, 어째서 영국령인 걸까? 이를 이해하기 위해서는 18세기 초로 거슬러 올라가야 한다. 당시 유럽에는 이른바 에스파냐 왕위 계승 전쟁이 일어나고 있었다. 그 갈등 속에서 1704년 영국은 무력으로 지브롤터를 점령했다. 그리고 9년 후 위트레흐트조약이 체결되면서 전쟁은 끝이 났다. 이 조약에서 에스파냐는 "항구, 방어 시설 및 요새와 함께 지브롤터 도시와 성"을 영국에 양도한다고 선언했다. 따라서 그 바위산은 공식적으로 에스파냐령이 아니지만, 에스파냐는 늘 그것을 되찾고 싶어 했다. 실제로 이 때문에 1779년에서 1783년 사이에 대규모 포위 공격이 일

잠비아

보츠와나

세계에서 가장 짧은 국경

에스파냐

1,200M

영국

세계에서 두 번째로 짧은 국경

어났다. 에스파냐는 무력으로 이 지역을 다시 장악하려고 했으나 군사적으로 실패하고 말았다.

시간이 지나면서 영국이 다양한 상황을 이용해 영토를 확장해나가자 에스파냐의 이의 신청도 더 많아졌다. 현재 영국인들은 그곳을 국경이라고 부르고, 에스파냐 사람들은 그곳을 국경통제선La Verja (울타리)이라고 부른다. 에스파냐는 그곳을 자국 영토로 여기기 때문에 국경선으로 인정할 수 없는 것이다.

20세기부터는 영토 회복을 위한 외교적 방법이 추가됐다. 유엔은 에스파냐와 영국 정부가 식민지 상황에 대한 해결책을 찾을 것을 촉구하는 결의안을 발표했다. 이런 상황에서 지브롤터인들은 자신들의 의견도 고려해달라고 요구했고, 마침내 1967년에 국민투표가 시행됐다. 예상대로 국민투표 결과 영국이 선택됐다. 그때부터 에스파냐는 국경을 폐쇄했고, 1982년이 되어서야 다시 열었다.

그리고 2002년 지브롤터인들은 다시 국민투표를 해서 두 국가 간 주권 공유에 대한 제안을 거부했다. 그들이 계속 영국 왕실의 보호를 받고자 했던 마음과 별개로 2016년 브렉시트로 어려움을 겪었다. 이들 중 96%가 영국이 유럽연합에 남는 것에 찬성표를 던졌으나 이는 실현되지 않았다.

유럽연합 탈퇴로 인한 후속 협상 중 많은 이들이 영국령의 섬들에서 일어날 일을 고려하지 않을 수가 없었다. 예를 들어 아일랜드와 북아일랜드 사이에는 유럽연합의 새로운 경계가 생겼다. 그것과 비슷한 일이 그 대륙의 남쪽에서도 일어날 예정이었다.

어쨌든 지브롤터는 20개 이상의 유럽 국가 간 국경 통제를 없앤 솅겐조약에 포함되지 않았다. 요컨대 지브롤터에 들어가거나 나올 때는 항상 여권을 보여줘야 했고, 브렉시트로 인한 상황에서도 크게 바뀌지 않았다.

지브롤터의 위치는 지정학적으로도 매우 중요하다. 이곳에서 지중해와 대서양 사이의 해상 연결을 통제할 수 있기 때문이다. 그래서 영국도 제2차 세계 대전 때 지브롤터를 이용했다.

그 당시 이 바위산은 대규모 공급에서 중심 역할을 했다. 그들은 그 바위산 아래 50km 길이의 지하터널을 팠다. 그곳에는 식량과 물, 연료 창고와 발전기, 심지어 병원도 있었다. 이 지하의 공간을 다양하게 활용할 수 있을 뿐만 아니라 공격이나 봉쇄로부터도 안전했다.

현재 지브롤터의 축구 팀은 수년간의 요구 끝에 유럽축구연맹UEFA과 국제축구연맹FIFA에 가입하게 됐다. 따라서 지브롤터가 정기적으로 UEFA 유럽 축구 챔피언스리그나 월드컵에 출전하고, 최고 수준의 경쟁자들에게 패배하는 것도 보게 된다. 수준이 비슷한 팀들과의 경기에서는 승리를 거머쥐기도 했지만 말이다.

경기 중에 경기장 주변을 잘 살펴보면 뒤쪽에서 비행기가 착륙하는 모습도 볼 수 있다. 빅토리아 경기장과 활주로 사이 거리가 140m밖에 안 되기 때문이다. 의심의 여지 없이 지브롤터는 세계에서 가장 이상한 공항 중 하나다. 활주로의 거의 절반이 바다 매립지 위에 세워졌기 때문이다. 자동차가 다니는 윈스턴처칠 거리Winston Churchill Avenue가 비행기 활주로와 교차한다. 물론 이는 여기에서만 벌어지는 일이 아니고, **투발루**에도 비슷한 상황이 펼쳐진다.

바위산은 제2차 세계 대전 때 훌륭한 보급 센터였다. 그 아래로 50km의 지하터널을 냈다.

지브롤터에 관해 이야기할 때는 다음의 특별한 기록도 빼놓을 수 없다. 이곳은 야생에서 영장류를 만날 수 있는 유럽 내 유일한 곳이다. 물론 인간은 제외하고 말이다. 이곳에는 바르바리마카크Macaca sylvanus*로 알려진 종이 살고 있다. 이 지역에서 전해 내려오는 말에 따르면, 원숭이가 있는 한 지브롤터는 영국령으로 남을 것이다.**

지브롤터는 또한 20세기 가장 호화로운 프로젝트 중 하나의 주인공이기도 하다. 1928년, 독일 건축가 헤르만 죄르겔Herman Sörgel은 이 해협에 길이 35km, 폭 550m의 대형 댐을 만들 것을 제안했다. 이 계획에는 여러 목적이 있었다. 우선 이 댐이 만들어지면 유럽 전체를 위한 에너지 생산이 가능해진다. 다른 한편으로는 지중해의 물을 빼려는 목적도 있었다. 대서양과의 연결을 막으면 증발로 인해 수위가 100~200m쯤 낮아지기 때문이다. 그의 계획에 따르면 이로 인해 북아프리카와 남부 유럽에 새로운 땅이 생길 수 있다. 이 프로젝트

---

* 긴꼬리원숭이과에 속하는 영장류의 일종.
** 윈스턴 처칠은 지브롤터에 살던 야생 원숭이 수가 줄자 특별 보호 정책을 수립하자고 주장했다.

의 이름처럼 아틀란트로파Atlantropa라는 초대륙이 생길 수 있는 것이다.

하지만 그렇게 되면 바르셀로나와 마르세유, 제노바, 베네치아처럼 지중해의 오래된 항구도시는 해안에서 멀어지게 될 것이다. 새로운 정착지가 나타날 수 있으므로 아랍-이스라엘 분쟁에 대한 해결책으로도 제안됐다. 이탈리아와 튀니지 사이에 두 번째 댐을 건설하려는 죄르겔의 계획은 양국이 훨씬 더 가까워지리라는 생각으로 제안되었다. 세 번째 안은 흑해에서 지중해를 분리하기 위해 다르다넬스해협에 댐을 세우는 것이었다.

이 독일인의 궁극적 목적은 유럽이 아프리카의 자원을 더 많이 이용하는 것이었다. 대륙 식민화가 절정에 이르렀을 때라 아프리카인의 의견이나 복지는 그다지 중요하게 고려하지 않았다. 그 프로젝트를 지지하는 사람들이 많았지만 다행히 실행되지는 않았다. 실행됐다면 아마 엄청나게 복잡한 문제들이 생겼을 것이다. 우선 지중해의 수위가 낮아지면 세계 나머지 지역에 맞닿은 바다의 수위가 높아져 다른 위도에 있는 도시들이 물에 잠길 수도 있다. 또한 이것으로 인해 전 지역의 기후와 강수량이 변하고 동식물을 위한 환경도 파괴되었을 것이다. 바다를 메운 땅은 염분 때문에 경작할 수 없어 활용도가 떨어졌을 것이다.

오늘날 많은 에스파냐 사람들에게 지브롤터는 특별히 마음이 쓰이는 곳이다. 그들의 땅이어야 하지만 현실은 그렇지 않기 때문이다. 어쨌든 에스파냐의 인접 국가는 다섯 개라고 대답할 수 있을 것이다. 하지만 일부 사람들은 여전히 거기에서 영국을 빼고 싶어 할 것이다.

1928년 독일 건축가 헤르만 죄르겔은 지브롤터해협에 초대륙인 아틀란트로파를 만들 수 있는 대형 댐 건설을 제안했다.

© Botond Horvath / Shutterstock

라파누이
(칠레)

북
서 동
남

15장

라파누이

계속 발견 중인
문명

수수께끼로
가득 찬 문화

대륙에서 3,700km
떨어진 설명하기 어려운
정착지

오늘날 우리에게
교훈을 주는 곳

 파누이는 수년 동안 사회학적 연구
의 장이 되었다. 수 세기 동안 아무도
드나들지 않았고, 씨족들이 서로 경
쟁하며 흥망성쇠를 겪은 섬이었기 때문이다.

만일 이 책이 몇 년 전에 나왔다면, 이 장은 "파스쿠아
섬*은…"으로 시작했을 것이다. 이 이름이 붙은 이유는
1722년 유럽인이 최초로 이곳을 발견한 때가 부활절
일요일이었기 때문이다. 그해 4월 5일, 정찰 임무를 수
행하던 네덜란드 항해사 야코프 로헤베인Jakob Rogge-
veen이 유럽대륙에서 아무도 가지 않던 그 땅을 발견
했다.

하지만 2019년, 이 섬이 속한 국가인 칠레 정부는 원주
민과 그 후손들이 사용하는 이름인 라파누이Rapa Nui라
는 이름을 공식화했다.

이 섬은 남아메리카대륙에서 3700km 이상 떨어져 있
다. 태평양에 있고 많은 사람으로부터 세계에서 가장 외

이 섬에 관한 수수께끼 중 하나는 많은 모아이를 이동시킨 방법이다.

딴곳이라는 칭호를 얻었다. 하지만 엄밀히 말하자면 가
장 외딴곳은 아니다. 이곳에서 2075km 떨어진 곳에 가
장 가까운 거주 지역인 핏케언제도가 있기 때문이다. 따
라서 다른 거주지에서 가장 멀리 떨어진 거주지라는 기
록은 반경 2437km에 사람이 살지 않는 **트리스탄다쿠
냐제도**가 보유하고 있다.

어쨌든 라파누이에 간다면, 다른 거주 지역에서 꽤 멀
리 떨어진 곳에 가는 셈이다. 현재 이곳 거주 인구는 약
7000명이고, 면적은 163km²로 부에노스아이레스보
다 약간 작다. 또한 이곳은 지리적으로 폴리네시아 삼
각형의 꼭짓점 중 하나에 해당한다. 참고로 나머지 꼭

* 파스쿠아Pascua는 에스파냐어로 부활절이라는 뜻이고, 영어로는 이스터섬Easter Island이라고 부른다.

라파누이

면적
163KM²

7,000
거주 인구 (단위: 명)

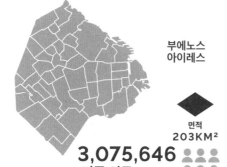

부에노스
아이레스

면적
203KM²

3,075,646
거주 인구
(단위: 명)

짓점에 해당하는 곳은 뉴질랜드와 하와이다.

그래서 보통 라파누이는 오세아니아 지역으로 묶인다. 칠레는 최소 세 개 대륙에 걸친 몇 안 되는 국가 중 하나다. 이 대륙을 포함해서 거의 모든 영토가 속한 남아메리카대륙 그리고 영유권을 주장하고 주둔하는 남극대륙에 걸쳐 있기 때문이다. 그 외 미국과 오스트레일리아도 세 개 대륙에 걸친 나라로 볼 수 있다. 아시아를 제외한 모든 대륙에 영토가 있는 프랑스는 여기에서 제외한다.

이곳의 주요 산업은 관광이다. 팬데믹 이전에는 매년 5만 명 정도가 이 섬을 찾았다. 이곳에서 가장 매력적인 것 중 하나는 수수께끼에 싸인 모아이 석상이다. 그것을 만든 방법과 섬 전체에 퍼진 방식이 여전히 의문으로 남아 있다. 물론 지금은 어느 정도 그 방법이 추측되며, 뒷받침할 만한 이론도 있다.

모아이 석상은 화산암으로 만든 거대한 조각품이다. 높이는 3~9m 정도고, 평균 무게는 5t이 넘는다. 그리고 가장 큰 모아이 석상인 파로Paro의 무게는 80t에 다다른다. 자유의 여신상의 무게가 203t인 것과 비교할 때 상당한 무게임을 알 수 있다. 하지만 불행히도 지금 그것은 부서져서 세 부분으로 나뉘어 있다.

오늘날 이 섬 전체에는 약 900개의 모아이 석상이 흩어져 있다. 연구원들의 가장 큰 의문점 중 하나는 섬 곳곳으로 그것들을 어떻게 이동시켰느냐다. 우선 그것들은 그 재료가 발견된 화산 분화구 라노라라쿠Rano Raraku에서 만들어졌다. 이곳에서 섬의 반대편 끝까지의 거리는 20km가 넘는다. 그렇다면 바퀴도 발명되지 않았던 때 원시적인 기술로 이 거대하고 무거운 조각상을 어떻게 옮긴 걸까?

지금까지 나온 이론 중 신빙성 있다고 여겨졌던 것은 통나무를 사용했다는 주장이다. 바닥에 여러 개의 통나무를 깔고 판을 올린 후 그 위에 모아이 석상을 올려, 통나무들이 굴러가면서 석상이 이동하는 방법을 사용했다는 것이다. 하지만 이 주장에 의문이 제기되면서 모아이 석상이 '걸어갔다'는 주장이 더 힘을 받게 됐다. 말 그대로 석상이 스스로 걸어간 것은 아니고, 굵은 밧줄로 석상 표면을 묶고 양쪽에서 당기며 이동시킨 것이다. 1980년대에 사람들을 세 집단으로 나눠 균형을 잡는 기술을 이용하면 땅 위로 석상들을 천천히 움직일 수 있다는 것을 증명했다.

과거에는 외계인이 그것들을 만들었다거나, 잉카문명이 라파누이까지 들어왔다고 믿는 이들도 있었다. 이용할 수 있는 도구가 적은 상황에서 이런 작업을 했다는 사실을 이해하기 힘들었기 때문이다.

이 거대한 조각품의 의미에 관한 이론도 몇 가지 있다. 기본적으로 그 석상들은 그들의 선조를 나타내고, 그들을 기억하는 방법이었다. 그러나 최근 몇 년 동안 이루어진 과학적 연구를 통해 다른 내용이 더해졌다.

일각에서는 식수를 구할 수 있는 곳에 모아이 석상을 놓은 것으로 본다. 물은 이 섬에서 가장 귀한 자원 중 하나였으니 신경을 쓸 수밖에 없었을 것이다. 2019년 12월, 이 석상이 땅을 비옥하게 하는 데 도움이 된다는 또 다른 이론이 나왔다. 머리만 보이는 석상이 여럿 있는데, 그것들의 몸 일부가 땅에 묻혀 있기 때문이다.

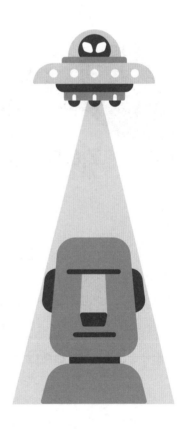

과거 사람들은 **외계인**이 그것들을 만들었다거나, 잉카 문명이 **라파누이**까지 들어왔다고 믿기도 했다.

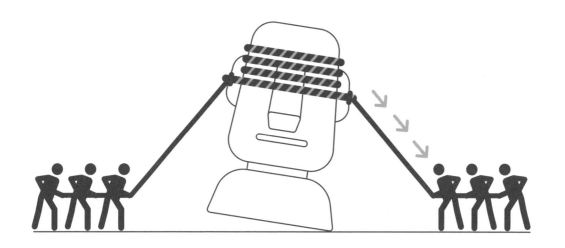

모아이 파로

80T

자유의 여신상

203T

나머지 지역과 비교해서 석상이 있는 곳의 땅이 농사를 짓기에 비옥하다는 사실이 증명됐다. 천연 비료와 영양분, 충분한 물을 이용할 수 있는 곳이었기 때문이다. 이런 식으로 보면 모아이 석상은 일종의 풍요의 보증인으로 세워진 셈이다.

이 외에도 라파누이의 역사는 오늘날 우리가 사는 세상에 몇 가지 교훈을 전한다. 이곳의 최초 정착민은 7세기경에 도착한 것으로 추정된다. 이 섬의 전설에 따르면, 그들은 신비한 섬 히바^{Hiva}에서 왔다. 학자들은 그곳이 북서쪽으로 약 3400km 떨어진 프랑스령 폴리네시아의 일부인 마르키즈제도라고 말한다.

그 개척자들은 바람과 해류를 이용해 카누를 타고 이곳에 도착했을 것이다. 이것은 당시 쓸 수 있던 도구를 고려할 때 대단한 업적이었다. 당시 약 300명의 정착민이 있었고, 그렇게 인구와 문화가 성장하기 시작한 것으로 추정된다.

그러나 어느 시점에서 문제가 생기기 시작했을 것이다. 인구 과잉(거주 인구 1만 명 초과)으로 자원이 부족해진 것이다. 또한 과도한 삼림 벌채로 낚시하러 갈 때 이용할 카누조차 만들 수 없게 됐다. 그 결과 내부 갈등과 피비린내 나는 파벌 전쟁이 벌어졌고, 식인 풍습까지 생겼던 것으로 보인다.

이 어두운 단계가 지나고 점점 이 섬의 문명이 회복되기 시작했을 것이다. 하지만 유럽인과의 접촉으로 새로운 질병이 생겼고, 그 결과 인구가 다시 줄어들었다. 정착민들은 노예로 팔리기 시작했고, 이는 더 많은 사회적·인구학적 문제를 낳을 수밖에 없었을 것이다.

그들은 **문화 번영**과 큰 성취를 이루다가 내전과 **위기를 겪었다.** 아마도 그것은 섬이 입은 **환경 피해**의 결과였을 것이다.

결국 1877년에는 111명만 남게 되면서 사라질 위기에 처했고, 1888년 조약 체결 후 칠레에 합병돼 노예무역이 종식됐다. 그 후 20세기 후반이 되어서야 그곳 사람들은 섬 전체를 돌아다닐 수 있는 권리를 포함해 여러 권리를 갖게 됐다. 그리고 공항이 건설되어 전 세계 나머지 국가들과 연결되었다.

그런데 이 이야기가 오늘날 우리에게 무슨 도움이 된다는 걸까? 퓰리처상을 수상한 작가인 재레드 다이아

© Tomaz Kunst / Shutterstock

몬드Jared Diamond는 《문명의 붕괴》(2004, 한국어판: 김영사, 2005)라는 책을 출간했다. 거기에서 그는 과거 여러 사회를 분석하고 그들이 쇠퇴하게 된 원인을 설명하고자 했다.

라파누이는 이런 몰락한 문명의 좋은 예 가운데 하나다. 그들은 위대한 업적과 함께 번성한 문화를 누리다가 위기와 내전을 겪었다. 다이아몬드에 따르면, 그 섬은 환경 피해를 보았으며 특히 삼림이 파괴됐다.

현재에도 이런 위험한 상황을 피하는 것은 불가능하다. 우리는 한때 전성기를 누렸다가 천연자원을 잘못 관리하고 미래를 계획하지 않아 쇠퇴한 다소 불가사의한 문명에 대해 안다. 바다 한가운데 163km² 크기의 섬은 그곳에 살던 사람들에게는 세상 전부였다.

오늘날 우리에게 5억1000만km²의 지구는 우리가 알고, 살아가는 세상 전부다. 하지만 우리가 자원을 제대로 관리하지 못하거나 미래를 잘 준비하지 못한다는 징후가 여기저기서 많이 나타나고 있다. 혹시 우리가 절대 작성될 수 없는 재레드 다이아몬드의 속편에 들어가려고 애쓰는 중인 건 아닐까?

그동안 석상으로 인해 사회학적 연구의 장이 되었던 라파누이는 점차 그 신비를 드러내며 우리 시대에 교훈을 전한다.

16장

오이먀콘

세상에서
가장 추운 마을

역사상 최저기온을
기록한 거주지

여름과 겨울의
기온 차가 100℃ 이상
난다

길에서
휴대 전화가 얼고,
냉장고는 따뜻하다

66**이**
곳 사람들은 무엇을 하며 살까?" 이것은 이 책을 보면서 자주 할 수밖에 없는 질문이다. 러시아의 오이먀콘만큼 그 질문이 잘 어울리고, 그것을 제대로 확인할 수 있는 곳도 드물다. 이곳에서는 약 500명이 예측하기 힘든 환경 속에서 살고 있다. 1년 내내 차가운 눈이 마을 구석구석을 뒤덮는다. 태양 빛은 희미하지만, 눈 위에서 반사되면 강력해진다. 얼어붙은 땅이 끝나고 맑은 하늘이 시작되는 지평선을 구분하기 어려울 때도 있다. 하지만 여름에는 주변 색이 바뀐다. 태양이 중천에 뜨면 기온이 올라가고, 오이먀콘은 옅은 초록색과 강렬한 노란색의 식물들을 내놓는다. 그렇다, 이 마을은 시베리아에 있다. 하지만 이렇게만 말하면 좀 모호하다. 러시아의 4분의 3이 모두 이 거대한 시베리아에 속하기 때문이다.

오이먀콘은 모스크바에서 동쪽으로 9000km, 태평양에서 450km쯤 떨어진 곳에 있다. 러시아연방을 구성하는 85개 연방 주체 중 하나이고 세계에서 가장 큰 행

얼어붙은 땅이 끝나고 맑은 하늘이 시작되는 지평선을 구분하기 어려울 때도 있다.

정구역인 사하공화국 내에 있다. 참고로, 사하공화국보다 더 넓은 국가는 7개뿐이다. 이곳의 면적은 아르헨티나보다 넓고, 콜롬비아의 3배 정도가 된다.

그리고 오이먀콘은 세계에서 가장 추운 거주지다. 겨울 기온은 영하 60℃ 이하다. 정확한 기록에 대해서는 의견이 분분하다. 공식 기록에 따르면, 1933년 2월 6일에는 기온이 영하 67.7℃까지 내려갔다. 그러나 오이먀콘

북 극 해

사하공화국

모스크바

오이먀콘

오 호 츠 크 해

500
거주 인구 (단위: 명)

오이먀콘 ◆ - - - - - - - - - 9,000km | 차로 🚗 130h - - - - - - - - - ◆ 모스크바

오이먀콘 ◆ - - - - - - - - - - - - - 450km - - - - - - - - - - - - - ◆ 태평양

광장에는 1924년에 영하 71.2℃로 내려간 기록이 적힌 기념비가 있다. 이것을 공식 기록으로 보지는 않지만 어쨌든 북반구 전체의 기록상 가장 추운 기온이다. 이후에 남극대륙에서 이보다 더 내려가 영하 89.2℃를 기록한 적이 있다. 그러나 물론 남극대륙은 일반적인 거주지가 아니고, 군사 및 과학 기지만 있다.

그러나 이곳의 혹독한 추위는 특별한 기후 현상이 아니었다. 연중 5개월 동안 평균 일일 기온이 영하 30℃ 아래로 떨어진다. 이런 극심한 추위가 생기는 데에는 몇 가지 이유가 있다. 당연히 첫 번째는 위치 때문이다. 이

곳이 북위 63°에 있기 때문이다. 하지만 북쪽에 있는 지역은 여기 말고도 많다.

여기에 다른 조건들이 추가되는데, 이 마을은 해발 고도 700m 이상이고, 두 개의 작은 산맥으로 둘러싸여 있다. 이로 인해 기온 역전이라는 이상한 현상이 발생해, 바람이 불지 않고 추위가 오이먀콘이 있는 계곡 안에 머문다. 기록을 보면 1000m가 넘는 언덕들이 더 따뜻하다. 무언가 이론에 맞지 않는 상황처럼 보인다. 보통 자연법칙에 따르면, 높이 올라갈수록 기온이 떨어지기 때문이다.

© Tatiana Gasich / Shutterstock

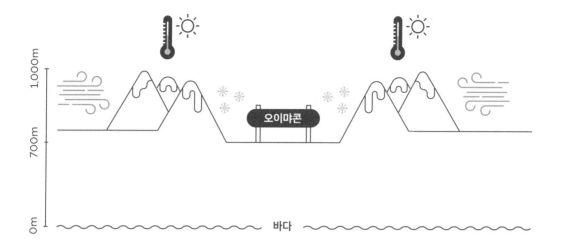

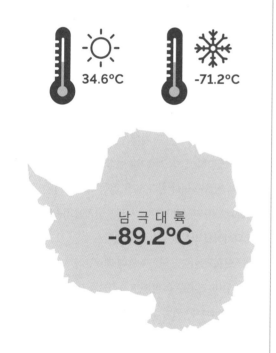

34.6℃   -71.2℃

남 극 대 륙
-89.2℃

또 다른 요인을 추가하자면 바다와 가까이 있지 않기 때문인데, 바다와 가까울 때 보통 기온이 온화해진다. 이곳의 기후는 대륙성이라 해양의 영향은 거의 받지 않는다. 이것 때문에 낮과 밤 사이뿐만 아니라 겨울과 여름 사이에도 엄청난 온도 차이가 나타난다. 겨울은 춥지만, 여름은 덥다. 1년 중 30℃를 넘는 때도 있는데, 그리 이상한 일은 아니다. 6월과 7월에는 일 최고기온이 평균 20℃를 넘는다.

기록상 이곳의 최고기온은 34.6℃였다. 최고기온과 최저기온의 차이가 100℃ 이상 나는 것은 러시아의 이곳과 캐나다 일부 지역에서만 나타나는 특수성이다.

요컨대 이곳은 우리에게 익숙한 곳과는 매우 다른 극한의 장소다. 예를 들어 이곳에서는 파이프가 금방 얼기 때문에 물이 흐르지 않는다. 우물에서 액체 상태의 물을 얻을 수는 있다. 이런 극한 상황에서도 사람들이 정착할 수 있었던 이유는 그곳에 온천이 흐르기 때문이다. 벌어지는 상황들과 이곳의 지명이 차이가 나지만, 아무튼 오이먀콘이라는 단어는 '얼지 않는 물'이라는 뜻이다.

이곳에 사람들이 거주하기 시작한 건 분명 온천 덕분이다. 처음에는 순록을 치는 목동들이 온천을 이용했다. 그 당시에는 정착 인구가 없었고 유목민들뿐이었다. 소련 시대인 1923년에 오이먀콘 정착 계획이 수립되었다.

이곳에서는 소 사육 외에도 낚시와 엘크 사냥이 이루어진다. 채광이 가능해 금이 나오고, 특정 금속 합금에 필요한 희귀 금속인 안티몬 광산도 있다.

이곳의 복잡한 상황은 일상생활의 모든 면에 영향을 미친다. 예를 들어 이곳의 난방은 나무와 석탄으로만 가능하다. 그리고 이런 추위 속에서 자동차 엔진 시동을 거는 것은 불가능하므로 야외에 있을 때는 연료가 얼지 않도록 항상 시동을 걸어놓아야 한다.

이런 극한의 기온 때문에 계속 영구동토층이 생겨 채소를 재배할 수 없고, 그 결과 이곳에서는 채소가 고기보다 비싸다. 현지 식단은 주로 순록과 말 고기로 만든 요리다. 물론 물에서 건져내면 30초 만에 얼어붙는 생선도 있다.

이곳 사람들은 식량을 잘 보관하려면 지하실에 저장하고, 오히려 따뜻하게 유지하려 할 때 냉장고에 넣는다. 그렇다, 이곳은 냉장고 속이 따뜻할 정도로 너무 춥다. 동물은 사람들에게 방한복을 제공한다. 이곳에서 일반적인 합성 섬유로 만든 옷은 얼어붙어 제 역할을 못 하기 때문에 현지인들은 동물 가죽을 입고 거리로 나선다. 어쨌든 이 마을 사람들은 이런 기온에 익숙하다. 학교는

이곳에서는 시체 관리가 쉽지 않다. 시체를 묻으려면, 구멍을 파낼 수 있을 때까지 불을 피워서 땅을 녹여야 한다.

영하 52℃ 이상이면 정상적으로 운영된다.

한편 이곳은 살기도 힘들지만, 죽기도 힘들다. 물론 스발바르제도처럼 죽는 것 자체가 금지된 건 아니지만 꽤 복잡한 일이다. 땅이 계속 얼어 있기 때문에 우선 불을 피워서 땅을 녹여야 한다. 땅을 깊이 파려면 기온이 올라갈 때까지 기다려야 한다. 시체를 묻기에 적합한 구멍을 파기까지 며칠이 걸릴 수도 있다.

일부 모험가들은 이 극한 환경에 매료됐다.

예를 들어 그곳을 여행했던 사진작가 에이모스 채플 Amos Chapple은 카메라를 사용하는 데 어려움을 겪었다. 작동이 멈출 뿐만 아니라 스냅 사진을 찍기 전에 숨을 참아야 했기 때문이다. 그러지 않으면 입에서 나오는

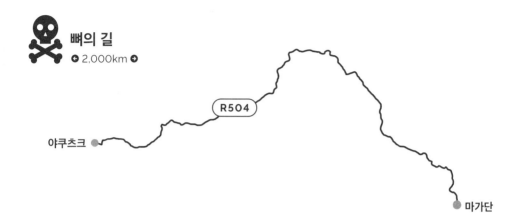

뼈의 길

◀ 2,000km ▶

R504

야쿠츠크

마가단

공기 때문에 사진을 망치기 일쑤였다.

이곳을 찾아온 또 다른 모험가는 바로 배우 이완 맥그리거 Ewan McGregor였다. 2004년 그는 〈롱 웨이 라운드 Long Way Round〉라는 다큐멘터리에 출연했다. 거기에서 그는 오토바이로 12개국을 횡단하며 3만km 이상을 여행했다. 그는 런던에서 출발해 동쪽으로 가서 115일 뒤 뉴욕에 도착했다. 그 다큐멘터리의 에피소드 중 하나가 바로 오이먀콘과 매우 가까운 야쿠츠크와 마가단 사이의 구간에서 일어났다.

그들은 이곳을 여행하기 위해 소위 '뼈의 길'이라고 불리는 길을 지났다. 그렇다, 그 이름에서 짐작할 수 있듯이 그 길은 끔찍한 곳이다. 이곳은 1930년대에서 1950년대 사이, 이오시프 스탈린 시대에 극동 러시아*의 접근성 개선을 위해 건설됐다.

그리고 그 정권의 수감자들이 이 고속도로 건설에 참여했다. 노동 조건은 매우 열악했고, 많은 사람이 그 일을 견뎌내지 못했다. 그렇게 그들의 시체, 특히 그들의 뼈가 이 도로를 건설하는 재료와 함께 사용됐다.

다시 이 마을로 돌아와서, 우리가 분명하게 알 수 있는 사실이 있다. 오이먀콘의 겨울에는 아무도 야외에서 이 책의 전자책을 읽지 않으리라는 것이다. 추위 때문에 전자기기가 얼어붙기 때문이다. 이곳 사람들은 휴대전화를 항상 코트 주머니에 넣고 다니지만, 겨울에는 밖으로 꺼낼 일이 거의 없다.

바로 이것이 이곳 주민 수백 명이 살아가는 방식이다. 물이 얼지 않고 냉장고가 따뜻한 곳에서 말이다.

---

* 러시아의 동쪽 부분에 해당하는 지역으로 사하공화국을 제외한 극동 연방 관구 전역을 뜻한다.

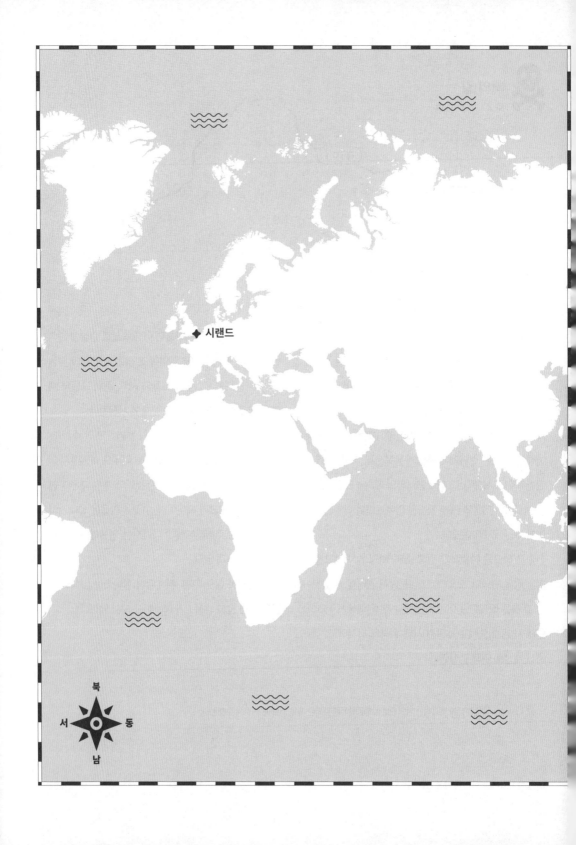

17장

시랜드

국가의 조건을 고민하게 만드는 '나라'

헌법과 화폐를
만들었으며
여권을 발행했다

비슷하게 낭만적인
이탈리아의 사례

과연 독립 국가의
기준은 무엇일까

 적은 겨우 100km²에 불과하지만, 국제적으로 완전히 인정을 받은 다섯 나라가 있다. 바로 산마리노, **투발루, 나우루, 모나코, 바티칸시국**이다. 즉, 이 나라들은 아무리 작아도 자국 영토에 대한 주권을 행사할 수 있다. 그러나 이 나라들 외에 이상한 예도 있다. 학자들과 법학자들, 국제관계 이론가들의 관심을 불러일으킬 만큼 충격적인 곳이다. 바로 시랜드인데, 이곳은 영국 해안에서 10km 떨어진 북해에 자리 잡고 있다. 그리고 크기가 약 550m²인 마이크로네이션Micronation*이다. 즉, 바티칸보다 800배 작은 나라다. 참고로 바티칸은 국제적으로 인정받은 나라 중에서 가장 작다.

시랜드의 사례는 매우 독특하다. 이곳은 본토도 아니고 섬도 아닌, 버려진 군함 기지 위에 세워졌기 때문이다. 러프스 타워Roughs Tower라고 불리는 이 구조물은 제2차 세계 대전 중 영국 해군이 독일의 공격을 방어하기 위해 만든 것이었다. 전쟁이 끝날 무렵 영국군은 북해에 있던 플랫폼을 대부분 해체했지만, 이것만은 그대로 남겨두었다. 1956년이 되어 군은 이것을 버렸다.

그리고 이후 11년 동안 이곳에는 아무 일도 벌어지지 않았다. 1967년 패디 로이 베이츠Paddy Roy Bates가 가족과 함께 이곳에 도착하기 전까지는 말이다. 해적 방송의 진행자였던 그는 정착해서 방송할 곳을 찾고 있었다. 그러던 차에 공해상**에 있는 이 플랫폼의 영토를 소유하는 데 생각이 미쳤다. 그리고 마침내 9월 2일, 그는 이곳에 시랜드공국을 세웠다. 그렇다, 농구장 크기보다 약간 큰, 버려진 플랫폼 위에 나라를 세운 것이다.

이제 과연 시랜드를 국가로 인정할 수 있는가를 살펴봐야 할 것 같다. 국제법에는 주권 국가임을 결정하는 두 가지 주요 흐름이 있다. 그중 하나인 창설적 효과설

---

* 초소형국민체. 자의적으로 독립을 주장하나 국제적으로 인정받지 못하는 사회공동체의 일종.

** 어느 나라의 주권에도 속하지 않으며, 모든 나라가 공동으로 사용할 수 있는 바다의 위. 시랜드 건국 당시만 해도 특정 국가의 주권이 미치는 바다의 범위는 각 해안선으로부터 3해리(약 10km) 이내였기 때문에, 시랜드는 건국 당시엔 공해상에 위치했다.

면적
550M²

2~30
거주 인구 (단위: 명)

시랜드
×800

바티칸시국

시랜드 사례는 **국가란 무엇인가**에 대한 격렬한 논쟁을 불러일으켰다.

Constitutive theory of statehood에 따르면 국가는 영토, 국민, 정부 및 법률을 가지고 있어야 한다. 베이츠에 따르면 시랜드는 그 요건들을 갖추었다. 영토는 버려진 플랫폼이고, 인구는 베이츠와 그의 가족이다. 또한 그가 자신을 왕이라고 지칭했기 때문에 정부도 있는 셈이다.

헌법이 제정되었기 때문에 법률도 있었다.

또 다른 흐름은 선언적 효과설Declarative theory of statehood을 따르는 것이다. 이 이론의 경우, 국가가 되려면 다른 국가들의 승인을 받아야 한다. 따라서 이 기준에서는 상황이 좀 더 복잡해진다. 다른 어떤 국가도 시랜드를 공식적으로 인정하지 않았기 때문이다. 그러나 베이츠는 영국과 독일이 모두 시랜드를 국가로 인정했다고 주장했다.

영국 주변국과의 문제는 독립 선언 이듬해부터 시작됐다. 당시 해군 함선이 그 플랫폼 주변을 돌고 있었고, 로이 베이츠의 아들인 마이클이 경고의 의미로 함선에 총을 쏘았다. 하지만 영국 법무부는 이 사건이 영국 영토에서 일어난 일이 아니기 때문에 직접 판단할 수 없다고 판결했다. 베이츠는 이 사건이 시랜드를 영국이 아닌 다

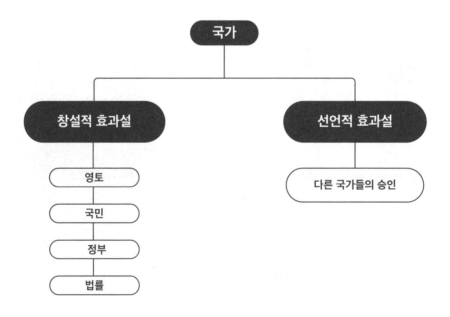

른 나라로 인정한 것이라고 봤다.

한편 독일과의 문제는 1978년에 발생했다. 그때 로이 베이츠 왕은 여행 중이었는데, 한 무리가 이 플랫폼을 침공해 시랜드를 장악했다. 그래서 그는 공국으로 돌아와 무력으로 나라를 되찾으려고 했다. 그는 무기를 모아 실행에 옮겼다. 그의 상대는 이곳을 해적 방송 본부로 사용하려는 히피족일 뿐이었으므로 그가 플랫폼을 다시 장악하는 것은 그리 어렵지 않았다.

그런데 이때 복잡한 문제가 생기는데, 베이츠가 그 침략자들을 전쟁 포로로 삼은 것이었다. 그들 중 한 명이 독일인이었기에, 독일 정부가 그를 석방하기 위해 직접 개입했다. 실제로 독일은 그 협상을 책임질 대사를 그곳으로 파견했다. 베이츠는 독일 사절단의 도착을 외교 관계로 간주해, 양국 간에 관계가 수립되었고 실제로 독일이 시랜드를 주권 국가로 인정한 것으로 여겼다.

그때부터 이 이상한 유럽 군주제가 이어졌다. 그들은 헌법을 제정하는 것 외에도 시랜드 화폐를 제조하고, 심지어 여권까지 발급했다. 여권 문제는 점점 통제가 어려워졌다. 1990년대 후반에 어떤 집단이 범죄를 저지르기 위해 시랜드의 문서를 발급하기 시작했던 것이다. 심지어는 잔니 베르사체Gianni Versace의 살인자인 앤드루 커내넌Andrew Cunanan도 그것을 가지고 있을 정도였다. 슬로베니아와 홍콩에서도 마약 자금 및 기타 범죄 세탁을 목적으로 그 여권들이 판매됐다. 이러한 이유로 1997년에 베이츠 가족은 자신이 발급한 여권을 포함한 모든 여권을 취소했다.

현재 시랜드공국 왕족의 생활은 그리 나빠 보이지 않는

누구든지 30파운드만 내면 시랜드의 경이, 200파운드를 내면 백작이 될 수 있다.

다. 2012년 로이 베이츠가 사망하면서 그의 아들 마이클이 왕이 됐다. 하지만 그들은 시랜드가 아닌 영국에 거주한다. 실제로 온 가족이 늘 영국 여권을 소지하고 있고, 여행할 때도 그것을 사용한다.

지금 이곳에는 2~30명 정도가 거주한다. 시기에 따라 다르기는 하지만, 그들은 거의 베이츠 가족이 고용한 유지 보수 직원들이다. 그렇다면 이곳의 재정은 어떻게 유지되는 걸까? 이 질문의 답을 찾기 위해서는 웹사이트로 이동하는 게 가장 빠르다. 이곳 웹사이트인 〈sealandgov.org〉에서는 온갖 것들이 판매된다. 여기에는 고귀한 칭호도 포함된다. 예를 들어 30파운드만 내면 경卿이 될 수 있고, 200파운드면 백작, 500파운드면 공작도 될 수 있다. 또한 동전과 국기 또는 영토 일부도 살 수 있다. 참고로 가격은 시랜드 달러가 아닌 파운드 기준이다.

이 프로젝트의 낭만적인 목적(국가의 좌우명은 '바다에서, 자유')은 상업적으로 변하고 있는 것 같다. 10년 전에 이곳이 에스파냐의 한 부동산 중개소에 매물로 나왔지만 사려는 사람이 아무도 없었다.

이런 사례가 시랜드에만 있는 건 아니다. 물론 결과는 다르지만 독립 국가로 자리매김하고자 했던 플랫폼의 사례가 또 있었다. 바로 로즈아일랜드공화국Republic of Rose Island이다. 조르지오 로사Giorgio Rosa는 이탈리아의 엔지니어였는데, 1960년대의 이상주의적인 흐름에 따라 자기 국가를 건설하기 시작했다. 그는 다른 국가의 주권이 닿지 않는 국제 해역에 나라를 세우고자 했다. 그래서 선택한 곳이 바로 이탈리아 리미니에서 떨어진 아드리아해였다. 그는 기존에 있던 구조물을 쓰지 않고 약 400m²의 철제 플랫폼을 직접 만들었다. 당시 법률에 따르면, 그것은 해안에서 11.6km, 이탈리아 해역에서 500m 떨어져 있었다.

세금을 내지 않기 위해 바다 한가운데 술집을 세웠다는 비난에도 불구하고 그는 자신의 마이크로네이션을 발전시켰다. 그는 로즈아일랜드공화국 정부를 수립하고, 마침내 1968년 5월 1일 독립을 선언했다. 그는 에스페란토어를 국가 언어로 제정하고, 국기를 만들었으며, 주화와 우표도 발행했다.

이탈리아 정부는 문제가 계속 커지는 것을 원치 않아 그해 6월 26일 섬을 점령하고 플랫폼을 파괴했다. 그의 노력에도 불구하고 로즈아일랜드공화국은 결국 독립 국가로 인정받지 못했다. 이 사건 이후 영해는 유엔 해양법 협약에 명시된 22km가 조금 넘는 12해리로 확장됐다. 그 결과 이런 식으로 사용할 수 있는 공간이 줄어들었다.

2017년 조르지오 로사는 92세의 나이로 세상을 떠났다. 사망 전 그는 이 이야기를 담은 영화 제작을 허락했다. 2020년에 그 이야기가 담긴 흥미로운 이탈리아 영화 〈로즈 아일랜드 공화국Rose Island〉이 개봉됐다.

영국 연안이든 이탈리아 연안이든 시랜드공국과 로즈아일랜드공화국은 독립 국가가 아닌 소설 속 이야기처럼 들린다. 만일 두 나라를 독립 국가로 인정한다면, 이곳들은 가장 작은 나라, 그러니까 바티칸보다도 훨씬 작은 나라가 될 것이다.

그들은 헌법 제정 외에도 화폐를 만들고 여권까지 발급했다. 잔니 베르사체를 죽인 앤드루 커내넌도 그 여권을 소지하고 있었다.

© Robertharding / Alamy Foto de stock

라링코나다
(페루)

북
서 동
남

18장

라링코나다

세상에서
가장 높은 도시

해발 고도 5,000m가
넘는 곳에 3만 명
이상이 산다

식수 공급이나 쓰레기
수거 서비스가 없다

주민들의 유일한 꿈은
금이고,
그 꿈은 닳지 않는다

세기 페루는 중남미에서 거시경제
지표가 가장 좋은 나라 중 하나다.
세계은행WB 자료에 따르면, GDP가
지난 10년간 2배, 지난 20년 동안 4배 증가했다. 하지
만 빈곤율은 여전히 높다. 라틴 아메리카의 거의 모든
지역과 마찬가지로 페루도 '대조'라는 명사가 잘 어울
리는 곳이다.

특히 라링코나다La Rinconada는 그 대조적인 상황을 표
현하기에 안성맞춤인 곳이다. 지금은 가난해도 부자가
될 거라는 환상을 품고 수천 명이 이곳에 발을 들인다.
이 '도시'는 안데스산맥에 자리 잡고 있다. 더 자세히 말
하자면, 페루 남쪽의 볼리비아 국경과 티티카카 호수 근
처에 있다. 많은 거주지가 비공식적이고 기록이 부족해
서 인구수를 추정하기가 어렵다. 대략 3만~7만 명으로
추정된다. 여기에서 도시라는 단어에 작은따옴표를 넣
어 강조한 이유는 인구 부족 때문이 아니라, 도시의 정
체성이 없기 때문이다.

이곳의 산들과 만년설은 매우 아름답다. 세상의 지붕으

도시 계획도 없고,
공통된 정체성도 없다.

로 불리는 가장 높은 봉우리에 태양이 떠오르는 맑은 풍
경은 꽤 인상적이다. 이런 자연환경은 세계 최고의 스키
리조트도 부러워할 만한 사진을 만들어낸다.

하지만 카메라 렌즈 각도를 살짝 돌려보면 문제들이 금
방 눈에 들어온다. 만일 드론으로 그곳을 찍는다면 안
데스산맥의 풍경을 덮은 끝없는 양철 지붕이 보일 것이
다. 더 가까이 다가가면 위태로운 건축물과 임시변통의
흙길도 보일 것이다.

이곳에서는 가장 기본적인 서비스도 제공되지 않는다.
하수도 시설이 없어서 폐기물이 길 위로 흐른다. 작은
도랑에 흐르는 유기 폐기물은 정해진 시간마다 흙으로
덮일 뿐이다.

페루

라링코나다
홀리아카

볼리비아

태평양

라링코나다 ◆ - - - - - - - 160km - - - - - - - ◆ 홀리아카
라링코나다 ◆ - - - - - 30km - - - - - ◆ 볼리비아

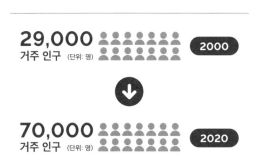

29,000
거주 인구 (단위: 명)　　　　　　**2000**

↓

70,000
거주 인구 (단위: 명)　　　　　　**2020**

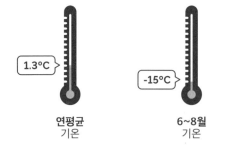

1.3℃

-15℃

연평균
기온

6~8월
기온

난방이나 쓰레기 수거 서비스도 없다. 마을에 들어서기도 전에 1km 정도 쌓인 쓰레기가 눈에 들어온다. 이런 상황을 상상하면 그곳의 냄새가 짐작될 것이다.

물론 식수도 없다. 이곳 주민들은 비나 눈을 통해 식수를 해결하는데, 이것도 큰 문제다. 채굴 중에 증발하는 수은이 물을 오염시키기 때문이다. 전문가들에 따르면, 수은은 사람에게 공격성을 유발할 수 있고 이것은 사회 문제를 심화하는 요인이다.

다만 세 가지 서비스는 제공된다. 매일 다른 도시에서 사람들이 오기 때문에 교통이 있고, 일부 주택이나 사업체에는 전기도 들어온다. 휴대전화 신호가 잡혀서 통화도 가능하다.

이곳은 서비스와 편의 시설이 부족한 것으로도 모자라 기후 조건도 안 좋다. 우선 5000m 넘는 고도의 산소량은 평지의 절반이다. 춥기도 해서, 연평균 기온은 1.3℃지만 6월에서 8월 사이에는 영하 15℃까지 쉽게 내려간다.

이곳의 고도는 방금 도착한 사람들에게 큰 영향을 끼친다. 이곳에 오래 머무는 사람들은 두통과 불면증, 피로, 식욕부진, 근육통, 관절통 등의 건강 문제를 겪을 수 있다.

요컨대 기록상 라링코나다는 해발 고도 5100m에 자리 잡은 세계에서 가장 높은 도시다. 이곳의 존재 이유는 그저 금을 얻고자 하는 욕망 때문인 것 같다. 그것을 위해 수천 명의 광부가 매일 광산 입구까지 1km씩 걸어간다. 그들은 스스로 전등이 달린 헬멧과 신발, 작업복, 다이너마이트 스틱 등 가장 기본적인 작업 장비를 준비

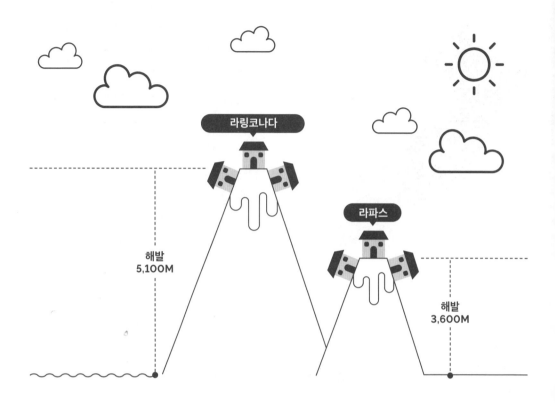

해발
5,100M

라링코나다

라파스

해발
3,600M

해야 한다. 그리고 그곳으로 가는 사람들은 고된 일과를 마주하게 된다. 광산의 지하 통로는 계획 없이 만들어져서 산소가 훨씬 부족하고 습도도 높으며, 늘 붕괴 및 사망 위험이 도사리고 있기 때문이다.

설상가상으로 노동자들은 급여가 없는 카초레오Cacho-rreo 시스템으로 일한다. 즉, 한 달간 보수 없이 일하고, 그 대가로 4~5일간 마음대로 광석을 채취할 수 있다. 그 기간에는 할 수 있는 한 최대로 광석을 채취해야 한다. 그들이 찾은 것이 그달의 수입이 된다. 운이 나빠서

금을 캐지 못하면 한 달 동안 공짜로 일하고, 빌린 돈으로 생활해야 한다.

반대로 금을 찾으면, 다음 달까지 생활할 수 있다. 사람들은 그 꿈 때문에 다시 일터로 향한다. 거의 모두가 자신을 백만장자로 만들어줄 행운의 돌을 찾고 싶어 한다. 모든 마을 사람이 경제 상황을 완전히 바꿔줄 금을 찾으려고 이런 도박을 감행한다.

물론 운이 좋았던 사람들도 있지만 매우 예외적인 사례다. 대다수는 그들이 얻는 것으로 간신히 생활을 이

어간다.

지난 20년 동안 전 세계 금 가격이 상승하자 이곳의 인구도 증가했다. 이것이 이 작은 마을에서 수만 명이 살게 된 이유이다. 하지만 최근 몇 년 동안 금 가격이 하락하면서 엄청난 노력에 대한 보상을 받기가 더 어려워졌다.

한편 이곳에는 광부들이 하는 일 외에 또 다른 사업망이 있다. 페루 정부는 안네아Annea 사에 광산 개발을 허가했다. 이 주식회사는 약 300명의 계약자에게 채굴을 임대하고, 그들은 카초레오 시스템으로 광부들과 하도급 거래를 맺는다.

이후 광산에서 나온 금은 푸노Puno 주에서 가장 인구가 많은 도시(100만 명 이상)인 훌리아카로 옮겨진다. 그곳에서 스위스 회사인 메탈로르Metalor 가 그것들을 처리한다. 현재 페루는 남미 최대, 세계 13위의 금 수출국이며, 금 수출량의 3분의 1은 스위스로 향한다.

그렇다면 여성들이 하는 일은 어떨까? 이 이야기를 자세히 하려면 별도의 장을 따로 만들어야 할 것 같다. 불공정한 일들이 늘어나기 시작했기 때문이다. 우선 여성은 광산에 들어갈 수 없는데, 그 이유는 여자가 불운을 가져온다는 현지 미신 때문이다.

그럼에도 많은 여성이 금을 캐는 일을 한다. 그들은 버

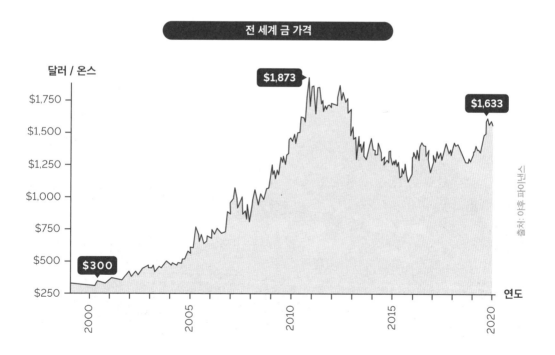

전 세계 금 가격

달러 / 온스

$1,873

$1,633

$1,750

$1,500

$1,250

$1,000

$750

$500

$300

$250

2000   2005   2010   2015   2020   연도

출처: 야후 파이낸스

© E.M. James Photography / Shutterstock

려진 곳을 파고 다른 사람이 파다가 놔둔 금 부스러기를 찾기 위해 애쓴다.

이보다 더 최악인 점은 많은 여성이 성적인 착취를 당한다는 사실이다. 인신매매 조직이 페루와 볼리비아 및 기타 인근 국가에서 여자 수백 명을 데려 간다. 여기에는 미성년자도 많다. 매춘과 알코올 중독, 폭력 및 범죄도 이 마을에서는 흔한 일이다.

하지만 경찰 인원이 부족해 이를 위해 할 수 있는 일이 거의 없다. 권한 부족으로 상황을 통제할 수도 없다. (거의) 무정부 상태에 가깝다.

어쩌면 이곳 주민들은 광산의 가채연수가 얼마 남지 않았기를 바랄지도 모르겠다. 하지만 금 채굴 가능 기간이 몇 년 안 남았을지, 아니면 수십 년은 가능할지 그건 아무도 모른다.

어쨌든 이곳은 뿌리가 없는 마을이다. 사람들은 모두 빨리 백만장자가 되어 고향으로 돌아가기만을 바라며 일할 뿐이다.

이곳에서 건전한 삶을 즐기는 건 하나뿐인 인조 잔디 구장에서 축구를 하는 아이들뿐이다. 이곳은 주변 조건 때문에 천연 잔디가 자라지 않는다. 그래도 아이들은 잠깐씩 힘든 삶을 잊고 공을 차며 더 건강한 방식으로 인간관계를 맺을 수 있다.

광산에서 일하는 부모들과 축구 경기를 하는 아이들의 모습도 '대조'라는 단어에 딱 들어맞는다.

여성은 광산에 들어갈 수 없다. 왜냐하면 여자가 불운을 가져온다는 미신이 있기 때문이다. 그래서 여자는 버려진 땅에서만 채굴할 수 있다.

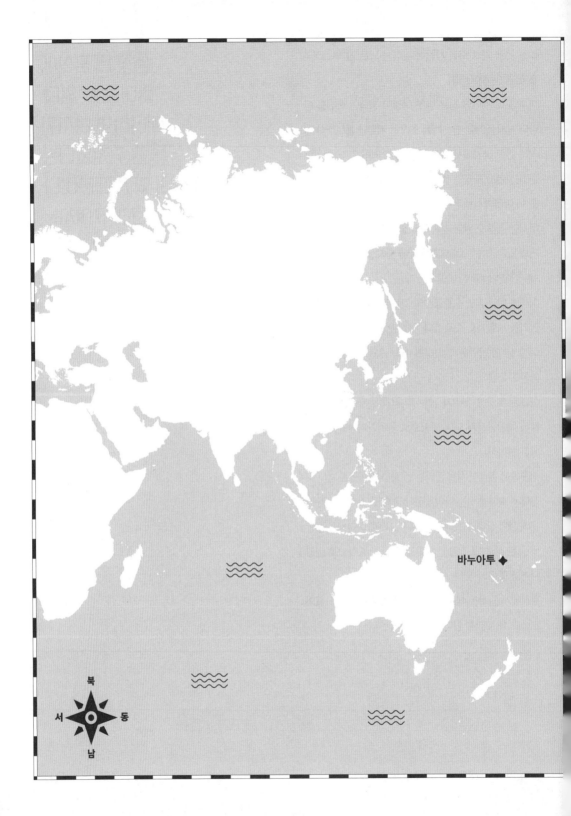

19장

바누아투
설명할 수
없는 나라

동시에 두 나라의
관리를 받았다

절반 이상의
국가들보다
강력한 여권

비행기교, 미군교,
에든버러 공작 필립교 등의
종교가 있다

 음 내용은 지리 전문가나 이런 분야를 좋아하는 사람들에게는 별것 아닐 수 있지만, 초보자에게는 좀 어리둥절할 수도 있다. 오세아니아는 문화적으로 크게 미크로네시아, 폴리네시아, 오스트레일리아, 멜라네시아 등 네 지역으로 나뉜다.

그중 미크로네시아는 필리핀·일본과 가까운 북부에 있다. 그곳에는 마셜제도와 키리바시나 **나우루** 같은 작은 나라들이 있다. 가장 큰 지역인 폴리네시아는 뉴질랜드, 하와이, **라파누이**를 정점으로 하는 일종의 거대한 삼각형을 이룬다. 오스트레일리아는 더 정확하게 재지 않아도 세계에서 여섯 번째로 큰 나라다. 그리고 멜라네시아는 나머지 세 지역에 인접한 유일한 곳이다. 여기에는 뉴기니와 피지, 뉴칼레도니아 섬이 있다. 그리고 이번 장에서 우리가 살펴보게 될 독특한 나라인 바누아투도 있다.

바누아투는 83개의 섬으로 이루어진 군도로, 약 30만 명이 살고 있다. 면적은 1만 2000km² 정도로 자메이카보다 약간 크고, 엘살바도르보다는 작다.

이 나라는 6개의 지역으로 나뉜다. 그 지역들에 이름을 붙인 사람은 매우 창의적인 천재로 보이는데, 그곳에 속한 섬들의 이름을 딴 약칭이기 때문이다. 6개의 부속 지역은 다음의 섬들로 이루어져 있다.

- **말람파**Malampa: 말라쿨라 Malakula, 암브림 Ambrym, 파마 Paama
- **페나마**Penama: 펜테코스테스 Pentecostés, 암배 Ambae, 매우 Maewo
- **산마**Sanma: 에스피리투산토 Espíritu Santo, 말로 Malo
- **셰파**Shefa: 셰퍼드제도 Shepherd Islands, 에파테 Éfaté
- **타페아**Tafea: 탄나 Tanna, 아니와 Aniwa, 푸투나 Futuna, 에로망고 Erromango, 아네이티움 Aneityum
- **토르바**Torba: 토레스제도 Torres Islands, 뱅크스제도 Banks Islands

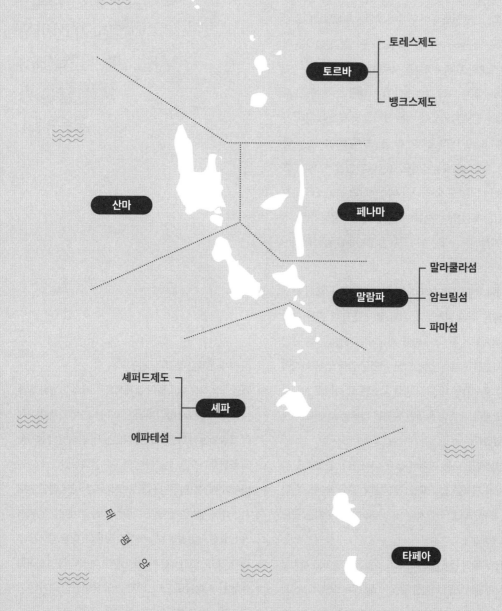

토르바
├ 토레스제도
└ 뱅크스제도

산마

페나마

말람파
├ 말라쿨라섬
├ 암브림섬
└ 파마섬

셰퍼드제도 ┐
　　　　　 ├ 세파
에파테섬 ┘

타페아

태평양

바누아투는 1980년에 영국·프랑스와의 식민지 관계를 정리하고 독립했다. 그렇다, 두 나라와 관계를 동시에 끊었다. 그 당시까지 이 두 유럽 국가는 뉴헤브리디스제도New Hebrides islands를 공동으로 관리했다. 참고로 이것은 그때까지 바누아투를 부르던 이름이다.

1906년에 두 나라 간의 합의가 시작돼 그해부터 그들은 공동 정부를 열었다. 이는 국제 공동 통치령 사례 가운데 하나로, 여러 국가가 한 영토를 통치하는 것을 말한다. 그렇다면 오늘날에도 그런 예가 있을까? 있다. 그중 눈에 띄는 곳 중 하나가 에스파냐와 프랑스의 국경에 있는 꿩섬Pheasant Island이다. 이곳의 행정부는 6개월마다 바뀐다. 다행히 이곳은 결정해야 할 일이 많지는 않은 작은 무인도다.

하지만 뉴헤브리디스제도에서는 이런 공동 통치 때문에 많은 일이 벌어졌다. 거의 20세기 내내 공동 행정이 지속되어 두 가지 법률 체계가 존재했다. 즉, 프랑스 시민은 프랑스 법을, 영국 시민은 영국 법을 따라야 했다. 주민들은 두 가지 법률 시스템 중 하나를 선택할 수 있었다. 거기에 원주민 문제를 다루는 세 번째 법원도 있었다.

일상생활도 모든 면에서 둘로 나뉘었다. 경찰들도 각 나라의 제복을 입고 따로 운영됐다. 교육 체계도 달라서, 프랑스어를 가르치는 곳과 영어를 가르치는 곳으로 나뉘었다.

하지만 40여 년 전 바누아투가 독립을 선언하고 자치를 시작하면서 이런 이상한 일들이 끝났다. 그렇다고 상황이 간단해진 건 아니었다. 이후에 끊임없이 정치 불안정

바누아투가 1980년에 영국과 프랑스로부터 **독립**하기 전까지 사법, 안보, 교육에서 **두 개 체제**가 공존했다.

과 경제 문제가 생겼기 때문이다.

태평양의 작은 나라들이 경제적으로 지속 가능한 발전을 이루기는 쉽지 않다. 우리는 이미 나우루가 천연자원이 고갈되면서 어떤 고통을 겪었는지, 인터넷이 생겼을 때 **투발루**가 어떤 행운을 얻었는지 살펴보았다. 하지만 바누아투는 창의적인 판로를 모색했다. 바로 여권 판매 시스템을 개발한 것이다. 다양한 이유로 새로운 증명서가 필요한 사람들이 바누아투로 향한다. 이들 중에는 무국적자들도 있고, 출신 국가 때문에 여러 나라에 입국할 수 없는 사람들도 있다. 비자 없이 유럽연합 국가에 입국하려는 많은 중국인도 포함된다.

© Paul Raffaele / Shutterstock

바누아투인들은
<mark>미국인들의 신들</mark>이
그들의 신보다 우월하다고
믿었다.
물론 그들은 그 신들이
자신들의 땅에서 일하는 것은
보지 못했지만,
어쨌든 <mark>식량</mark>은
계속 공급됐다.

바누아투 여권을 소지하면 작은 나라에서 발급되었음에도 135개 주권 국가에 비자 없이 입국할 수 있다. 이 여권은 콜롬비아(131개국), 러시아(119개국), 튀르키예(110개국), 에콰도르(91개국), 볼리비아(79개국), 중국(80개국), 인도(59개국)보다 '강력하다'.*
하지만 이 여권을 얻는 데는 15만 달러라는 저렴하지 않은 비용이 든다는 걸 명심해야 한다.
2020년 전 세계가 코로나19 대유행으로 고통받던 시기에 바누아투는 이 사업을 더욱 확장했다. 바누아투 밖에서 이 서비스를 제공하는 국제기관이 더 많이 늘어나면서, 많은 사람이 이 섬에 발을 디디지 않고도 이곳의 여권을 소지할 수 있게 됐다. 이 방법으로 얻는 수입이 국가수입 총액의 30%에 이른다.

한편 바누아투 하면 빼놓을 수 없는 이야기가 있다. 이른바 화물숭배cargo cult다. 이것은 기술적으로 더 발전된 사회를 숭배하고, 특히 비행기로 물질적 재화를 받을 거라고 기대하는 신념 체계다.

19세기 말~20세기 초까지 이 섬은 수천 년간 이어진 농경 사회였다. 실제로 4000여 년 전부터 이곳에 사람이 살기 시작했다는 기록도 있다. 예컨대 13세기까지 사람이 살지 않았던 뉴질랜드의 상황과는 다르다.

17세기에 유럽인들이 바누아투에 도착했을 때 현지인들은 엄청난 문화 충격을 받았다. 그들은 자신들이 이해할 수 없는 것에 대한 답을 찾기 위해 메시아 이야기를 발전시켰다. 당시 이런 숭배 사상이 발전하기 시작하여 제2차 세계 대전과 함께 더 확장됐다. 먼저 일본군이 이 섬에 상륙했고, 그다음에는 미군이 그 지역을 점령했다. 당시 5만 명의 미국인이 뉴헤브리디스제도였던 이곳에 정착한 것이다.

현지인들이 보기에 그들의 군사 물자는 너무도 놀라운 것으로, 라디오와 헤드폰과 같은 통신 장비가 특히 그랬다. 또한 생전 처음 보는 식량과 물자가 주기적으로 비행기에 실려 오는 것도 목격하게 됐다.

---

*   2024년 현재는 이 숫자가 다소 바뀌었다. 2024년 기준으로 바누아투는 92개국, 콜롬비아 135개국, 러시아 116개국, 튀르키예 116개국, 에콰도르 95개국, 볼리비아 79개국, 중국 85개국, 인도 58개국에 무비자로 입국 가능하다.

바누아투 사람들은 미국인들의 신들이 그들의 신들보다 우월하다고 믿었다. 물론 그 신들이 자신들의 땅에서 일하는 것은 보지 못했지만, 어쨌든 식량은 계속 공급됐다. 그때부터 바누아투 사람들은 그들을 모방하기 시작했다. 그들은 헤드폰처럼 생긴 물건을 만들고, 비행기가 착륙할 수 있도록 활주로를 청소하고, 지푸라기로 모형 비행기를 만들고, 심지어 관제사의 움직임까지 모방했다.

탄나섬에는 아직도 존 프럼John Frum 숭배가 있다. 그가 실제로 그 섬에 있었는지, 혹은 선물을 들고 돌아오겠다고 약속했는지, 아니면 존재한 적 없는 가상의 인물인지는 아직도 확실하지 않다. 어느 쪽이든 그의 추종자들은 탄나섬의 군대까지 만들었다. 하지만 그들은 폭력적인 집단이 아니다. 단지 미국 군사 훈련을(총기 없이!) 모방하고, 매일 그 나라의 국기를 게양할 뿐이다.

탄나섬에는 이보다 눈에 띄는 숭배 사상이 또 있다. 바로 '필립 공 운동Prince Philip movement'이다. 그들은 영국 엘리자베스 2세의 배우자였던 에딘버러 필립 공을 존경한다. 이 종교는 지난 세기 중반에 시작되었고, 식민지였던 1974년 왕의 공식 방문으로 강화된 것으로 보인다.

몇몇 바누아투인들이 2007년 한 텔레비전 쇼를 통해 영국에 방문했다. 그곳에서 그들은 필립 공을 만났고, 그를 지상의 신으로 여겼다. 그리고 2021년 4월 전 세계에 퍼진 그의 사망 소식은 지구의 한 작은 나라에 특별한 영향을 미쳤다. 바누아투에서는 그의 사망을 애도하며 제물까지 바쳤다.

오늘날 바누아투를 방문하면 멋진 해변을 즐길 수 있는데, 그것 외 다른 볼거리도 있다. 펜테코스테스섬에서는 현지인들의 고대 전통인 나골Naghol을 볼 수 있다. 다른 나라에서는 그것을 번지점프라고 부른다. 번지점프는 이 섬에서 시작되어 이후 다른 나라들에서도 인기를 얻은 것이다.

한편 이 나라는 환태평양 조산대(불의 고리)에 위치하여 지진과 사이클론의 피해로 여러 자연재해를 겪었다. 하지만 그런 지진 활동 덕분에 분출하는 화산 지역을 방문하고 지구 내부에서 흘러나온 용암도 볼 수 있다.

비행기를 숭배하고 지상의 신 필립 공의 죽음을 애도하며, 강력한 여권을 가진 나라. 하지만 이것만으로 바누아투를 설명하기는 어렵다.

센트레일리아
(미국)

북
서 동
남

20장

센트레일리아

반세기 동안
불타고 있는
마을

불타는
지하 탄광

전성기에는 인구수가
2,700명에 달했지만
현재는 다섯 명 이하

안전하게 남아 있는
건물은 성당뿐

실베이니아라는 주제를 꺼내면 사람에 따라 다른 반응을 보일 것이다. 만일 역사 애호가라면 1776년 미국의 독립 선언이 이루어졌던 필라델피아를 떠올릴 것이다. 영화 애호가라면, 록키 발보아가 훈련하던 장면을 떠올릴 것이다. 미국 정치에 관심이 많다면, 대통령 선거의 핵심 주 중 하나를 생각할 것이다. 스포츠 애호가라면, 미국 프로 미식축구 팀인 피츠버그 스틸러스나 미국 NBA에 소속된 프로 농구 팀인 필라델피아 세븐티식서스의 지역이라고 생각할 것이다.

센트레일리아를 떠올리는 사람은 거의 없을 것이다. 그러나 이 특이한 장소도 엄연히 펜실베이니아의 일부다. 이곳은 뉴욕시에서 250km, 워싱턴DC에서 300km 떨어진 작은 마을이다. 사라질 위기에 처한 마을이라는 것도 알아둬야 한다. 한때 이곳의 주민 수는 거의 3000명에 달했지만, 지금은 손에 꼽을 정도만 남아 있다. 이렇게 변한 이유가 뭘까? 바로 끌 수 없는 불 때문이다. 그리고 이런 상황에 놓인 지는 이미 60년이나 됐다.

센트레일리아는 석탄으로 시작된 마을이다. 19세기 후반에는 석탄 채굴과 그로 인한 인구 정착으로 매우 발전했고 번영의 시기를 누렸다. 덕분에 여러 회사가 설립되었고, 1866년에 시로 승격됐다. 특히 거기에서 나오는 무연탄은 큰 인기를 얻었다. 이곳의 매장량은 전 세계 석탄의 1%에 해당한다.

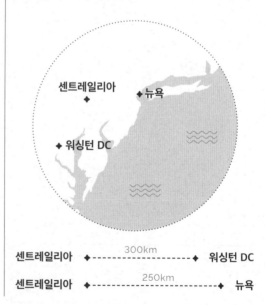

20세기 들어 석유와 같은 새로운 에너지 자원이 석탄의 자리를 대신하기 시작했다. 그러면서 도시가 쇠퇴하기 시작했지만, 그렇다고 이렇게까지 최악의 상황은 아니었다.

한편 1962년 5월에 벌어진 일에 대해서는 의견이 분분하다. 가장 많은 사람이 인정하는 건 그곳에 남아 있던 일부 광산 노동자들이 폐기물을 태우기 시작했다는 이야기다. 당시 이것이 일반적인 관행이긴 했지만, 충분히 주의하지 못했던 것 같다. 특히 그 도시의 광맥 때문에 최악의 상황이 벌어지고 말았는데, 화염이 퍼져 광산에 옮겨붙었다.

당연히 사람들은 불을 끄려고 했고, 다 껐다고 생각했다. 하지만 며칠 후 다시 불길이 타올랐다. 겉은 껐지만 땅속에서는 여전히 불이 타오르고 있었던 것이다.

천천히 불과의 전투가 시작됐으나 결과는 좋지 못했다. 물을 붓고 땅을 파도 땅속의 불은 꺼지지 않았다.

1979년, 이곳의 한 주유소 주인은 저장고가 매우 뜨겁다는 사실을 발견했다. 온도를 측정해보니 약 78도까지 올라갔고, 뭔가 문제가 있다는 걸 알게 됐다.

몇몇 지역 사람들의 민원도 있었지만, 이 문제가 전국적으로 유명해진 것은 1981년 한 소년이 싱크홀에 빠진 사건 때문이었다. 그 구멍은 폭이 1.5m이고 깊이가 46m였다. 다행히 그 소년은 사촌의 도움으로 목숨을 구했다. 그러나 센트레일리아에서는 이에 대한 방안을 마련해야 했다.

결국 1983년 국민투표가 시행되었고 주민의 3분의 2 정도가 마을을 떠나기로 했다. 연방정부는 이를 위해 4200만 달러를 들였다. 1992년까지는 약 50명이 남아 있었고, 그때까지 남아 있던 토지는 강제수용됐다. 2002년에는 그곳의 상징 중 하나가 사라졌다. 그 도시의 우편번호를 더는 사용할 수 없게 된 것이다. '17927'이라는 숫자는 더는 이전과 같은 의미가 아니었고, 그렇게 남아 있던 소수의 주민은 우편 주소를 잃어버리게 됐다.

> 1983년에 **국민투표**가 시행되었고, 주민의 3분의 2 정도가 **마을을 떠나기로** 했다. 1992년까지 이곳에는 약 50명이 남아 있었고, 그때 남아 있던 토지는 **강제수용됐다.**

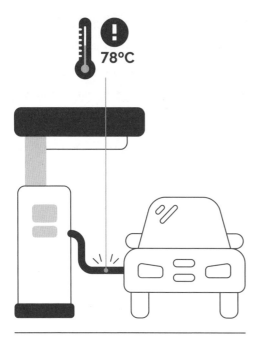

이 모든 일에도 불구하고, 시간이 흐르도록 소수의 사람은 계속 그곳에서 살았다. 또 다른 이야기에 따르면, 2013년에는 7명이 있었는데 이후에는 5명만 남게 됐다. 이곳의 옛 주민들은 센트레일리아의 화재 이야기가 그들의 집을 빼앗고 마을을 파괴하려는 계략이었기 때문에 그곳에 남으려 했다고 말한다. 실제로는 걱정할 일이 없었기 때문에 계속 정부와 법정 다툼을 벌였다는 것이다. 하지만 그들은 원하는 결과는 얻지 못했다.

이런 식으로 센트레일리아는 번영을 누린 작은 마을에서 유령 도시로 변했다. 이 이야기는 〈사일런트 힐Silent Hill〉이라는 인기 비디오게임 시리즈에 영감을 주었다. 나중에는 영화로도 나왔는데, 물론 코미디가 아닌 공포 영화다.

오늘날 이곳에는 우크라이나 가톨릭 성당*이 남아 있다. 그 외 다른 건물들은 조금씩 철거됐다. 이 성당만은 단단한 바위 위에 세워졌기 때문에 살아남을 수 있었다. 현재 다른 도시에 사는 옛 주민들은 그곳에 유일하게 남은 건물인 옛 성당을 매주 찾아온다.

성당을 제외하면 이곳은 유령 도시나 마찬가지다. 사람들이 떠나자 잡초가 무성해졌고, 몇 안 되게 남은 포장도로에는 균열이 생겼다. 땅속 1600m 아래에서 여전히 불이 타오르고 있기 때문이다. 일부 구덩이에서는 계

---

* 펜실베이니아주는 미국 내에서 우크라이나계가 가장 많이 거주하는 주 중 하나이다. 우크라이나에서는 동방정교회 신자가 인구의 70% 이상을 차지한다. 가톨릭 신자는 인구의 약 10% 정도인데, 주로 우크라이나의 서부인 갈리치아 지역 출신이 많다.

© Weible1980 / Istock

속 연기가 새어나온다. 지금은 몇 번의 패배 뒤 법정 다툼도 끝났고, 화재 진압 계획도 포기 상태다.

이곳의 역사가 어떤 식으로 이어질지 예측하기는 어렵지만, 지금으로서는 긍정적으로 볼 만한 아무런 근거가 없다. 남은 석탄 매장량을 근거로 예측해보면 그 화재는 250년 더 지속될 수 있을 것으로 보인다. 이 기간은 센트레일리아로부터 몇 킬로미터 떨어진 곳에서 영국 식민지였던 13개 주가 독립을 선언한 후 흐른 시간과 대략 비슷하다.

현재 다른 도시에 사는 센트레일리아의 옛 주민들은 그곳에 유일하게 남은 건물인 성당을 매주 찾아온다.

구룡채성
(중국)

북
서 동
남

21장

구룡채성

홍콩의 무정부
디스토피아

축구장만 한 면적에
5만 명이 살았다

유일한 경계선은
하늘이었다

법이나 권력 기관은
없었지만, 주민들은
평화롭게 살았다

늘날 홍콩을 생각하면 중앙 정부에 대항해 시위를 벌이는 모습이 떠오른다. 그리고 21세기 초로 돌아간다면, 중국의 경제 성장 및 기술이 떠오를 것이다. 하지만 지난 세기에 영국의 지배를 받았던 홍콩은 독특한 장소였다.

구룡채성은 홍콩의 구역 중 하나다. 이곳에 성벽 도시가 탄생하면서 역사적으로나 법적으로 이상한 현상이 생겨났다. 이곳은 미국 소설가인 필립 K. 딕과, 더 최근에는 수잔 콜린스의 작품들*에 영향을 주었다.

이곳의 싹은 아편전쟁 이후인 19세기에 움트기 시작했다. 전쟁이 끝나고 중국은 홍콩을 영국에 넘기는 데 합의했다. 그러나 한 곳, 해안을 통제하는 작은 군사 요새만은 예외였다. 당시 그곳은 영국 식민지 내의 중국 영토로 남아 있었으나, 시간이 지나면서 중국 관리들도

법적으로는
중국에 속했지만,
아무도 책임지지 않았고,
영국령에 둘러싸여
있었다.

구룡채성
군사 요새

홍콩
영국령

---

*   필립 K. 딕의 소설 《도매가로 기억을 팝니다》와 수잔 콜린스의 《헝거 게임》을 말한다. 필립 K. 딕의 소설은 영화 〈토탈 리콜〉(1990)의 원작으로, 콜로니 장면이 구룡채성을 연상시킨다.

그곳을 떠났다.

제2차 세계 대전 중 이곳은 일본의 침략을 받았다. 일본이 공항을 짓기 위해 벽을 허무는 바람에 그곳의 외관이 바뀌었다. 일본이 패배한 후 이 도시는 이전 정권으로 되돌아갔다. 법적으로는 중국에 속했지만, 아무도 책임지지 않았고, 영국령에 둘러싸여 있었다.

중국이나 영국이 관여하지 않았기 때문에 이곳은 법망을 피해 불법 활동에 가담하려는 사람들의 피난처로 변모했다. 성벽으로 둘러싸인 이 오래된 도시는 1950년대부터 마피아와 마약 판매, 매음굴, 카지노의 요람이었다.

상황이 점점 악화하자 결국 경찰이 개입하기로 했다. 경찰이 이곳을 장악했던 마피아를 소탕한 후 범죄에서 해방되자, 이곳은 갖가지 이유로 홍콩의 다른 지역에 거주할 수 없었던 많은 사람에게 매력적인 장소가 됐다. 우선 경제적인 면에서 매력적이었다. 이곳에서는 세금이나 서비스 요금을 전혀 내지 않았고, 임대료도 훨씬 저렴했다. 서류가 미비한 이민자들도 이곳에 문제없이 살 수 있었다. 심지어 송환 요청을 받은 사람들도 환영받았다. 현지 군이 불간섭 정책*을 시행했기 때문이다. 그렇게 조금씩 사람들이 늘어나기 시작했다. 20세기 초에는 700명 정도였지만, 제2차 세계 대전 이후에는 5000명 이상으로 늘어났다. 그러다 1970년대 들어 인구가 폭발적으로 늘어나면서 5만 명에 육박했다.

이곳의 면적은 가로세로 약 210m와 120m였다. 인구밀도는 km²당 거의 200만 명에 이르렀는데, 오늘날 뉴욕시의 인구밀도보다 약 180배 높은 셈이다. 오늘날 전 세계 인구가 이런 상태로 산다고 가정한다면, 마치 70

구룡채성

120m

210m

25,200M²

릉라도 5월1일 경기장

세계에서 가장
큰 다목적 경기장(북한)

22,500M²

---

* 이해가 상충하는 국가라도 그 국가의 내부 문제에 개입하지 않는다는 방침.

억이 넘는 인구가 엘살바도르의 5분의 1의 면적에, 스위스의 10분의 1 면적에 사는 것과 마찬가지다.

성벽으로 둘러싸인 이 도시에서는 다양한 일들이 벌어졌다. 많은 기업이 세금을 내지 않기 위해 그곳에 정착했다. 또한 홍콩의 나머지 지역에서 합법적으로 개업할 수 없는 무면허 치과의사들도 넘쳐났다. 치료 비용이 저렴해서 외부에 사는 사람들도 찾아왔다. 그러나 위생 상태가 열악한 건 분명했다.

이곳 건물들은 법적으로 옆으로는 확장할 수 없었기 때문에 위로 늘려 갔다. 이들은 건축에 대한 최소한의 지식이나 계획도 없이 한 층씩 쌓아 올렸다. 그 결과 300~500채의 건물이 서로서로 붙어 있게 됐다. 전체가 하나처럼 붙어 있었기 때문에 무너질 염려는 없었다. 다른 건물로 이동하기 위해서 지은 공간도 있었는데, 너비가 약 1m 정도인 좁은 골목들이었다. 이런 구조 때문에 안으로 햇빛이 들어오지 못해 '어둠의 도시'라는 별

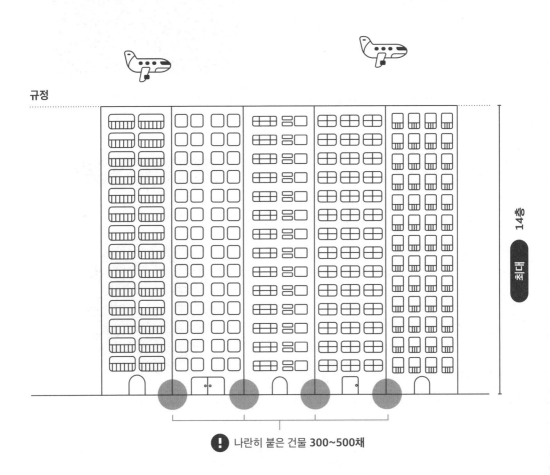

규정

14층

최대

! 나란히 붙은 건물 300~500채

면적: 0.026KM²

50,000
거주 인구
(단위: 명)

인구밀도: 190만 명/KM²

명을 얻었다. 형광등으로 24시간 내내 좁은 내부 통로들을 비춰야 했다.

시간이 지나면서 바닥까지 내려가지 않고도 지나다닐 수 있는 또 다른 방법이 생겨났다. 위층에서 성벽으로 둘러싸인 도시 전체를 다닐 수 있는 통로와 계단 망이 만들어졌다.

이곳의 특별한 장소 중 하나는 테라스였다. 테라스는 케이블과 텔레비전 안테나로 가득했고, 일광욕을 즐기려는 주민들이 몰렸다. 엄청난 양의 쓰레기도 쌓였다. 물론 성벽으로 둘러싸인 이 도시 내부에는 쓰레기 수거 서비스가 없었다. 홍콩이 이곳에 제공하는 서비스는 물과 전기 및 우편 배달이 전부였다. 집배원들에게 이곳은 큰 도전이었다.

또한 여기 건축물에는 높이 규제가 있었다. 도심의 공항이 너무 가까워서 14층 이상으로 지으면 위험했기 때문이다.

그곳은
어둠의 도시라는
별명을 얻었다.
형광등들이
24시간 내내
좁은 내부 통로들을
비추어야 했다.

© Ian Lambot / Wikimedia

© Library of Congress

이런 무계획적인 건축을 유일하게 피한 곳이 있었는데, 바로 관청인 야멘衙門이었다. 도시 한가운데에 있던 건물로, 그 위에는 아무것도 짓지 않았다.

이 무정부 디스토피아의 주민들은 서로 평화롭게 잘 지냈다. 빛도 정부도 없는 이곳은 수십 년간 지속됐지만 영원하지는 못했다.

1997년 영국은 홍콩을 중국에 반환하기로 했고, 결국 그렇게 됐다. 오늘날 이곳은 중화인민공화국 내에서 특별한 지위를 지닌 행정구역이다. 그러나 그렇게 되기 전에 양국 정부는 구룡채성 문제에 대한 해결책을 모색했다. 1987년에 체결된 이 협정은 독특한 벽으로 둘러싸인 이 도시의 소멸을 규정했다.

조금씩 철거하기 시작했고, 이는 4년 동안 지속됐다. 이곳 주민들은 보상금으로 총 3억5000만 달러를 받았다. 많은 이들은 이에 만족하지 않았고, 이 특별한 장소에서 계속 살고 싶어 했다.

철거가 시작되었지만, 그전에 이곳은 장클로드 반담 주연의 〈투혼Bloodsport〉(1988)과 성룡 주연의 〈중안조〉(1993) 등 몇몇 영화의 배경이 됐다.

그리고 1993년, 수많은 조사 끝에 마침내 모든 건물이 철거됐다. 오늘날 그 자리에는 큰 공원이 지어졌다. 관청만 보존되어 있어 직접 볼 수 있다. 5만 명이 밀집되어 살던 그곳에는 나무와 식물들이 산다. 물론 그곳은 여전히 인구가 많은 홍콩 한복판에 있다.

우리가 유튜브 채널에 이 이야기를 게시했을 때, 많은 이들이 이것을 보고 자유주의 또는 무정부자본주의* 사상을 바탕으로 국가 없이도 잘살 수 있다는 의견을 냈다. 수많은 주민이 금전적 보상에도 불구하고 퇴거를 거부했다는 사실은 어느 정도 불법적인 형태로 그 체제를 유지하기를 원했음을 보여준다.

하지만 그때 유튜브 영상에서 빠진 내용도 있었다. 이 성벽 도시 내부에는 홍콩의 다른 지역에서 제공한 전깃불도 들어왔다. 물도 마찬가지였다. 또한 방어와 안보 차원에서 외부 위협으로부터 국가의 보호도 받았다. 주민들은 세금을 내지 않아도 길만 건너면 홍콩의 공공서비스를 이용할 수 있었다.

아마도 구룡채성은 자유주의적 유토피아가 아니라, 복제하기 어려운 이례적인 현상이었을 것이다.

---

*   자유시장이 보장하는 개인의 주권을 강력하게 옹호하며 국가의 폐지를 주장하는 정치학.

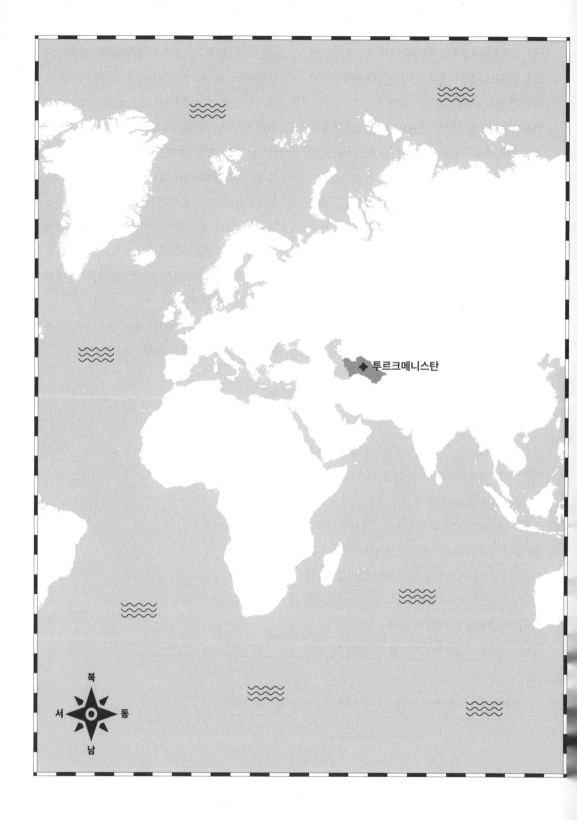

투르크메니스탄

북
서 동
남

22장

투르크메니스탄

세상에서
가장 폐쇄적인 나라

세상에서 가장 폐쇄적이고
자유가 적은 나라 중
하나다

코로나바이러스를
언급하는 일 자체가
금지됐다

개인 숭배가 예상치 못한
극단으로 치달았다

 한이란 이름으로 더 잘 알려진 조선민주주의인민공화국은 전체주의 국가이고, 그곳에 대해 알려진 게 거의 없다는 것은 새로운 사실이 아니다. 만일 자유가 적은 나라 중에 북한에 비길 만한 곳을 고르라고 한다면, 바로 투르크메니스탄일 것이다.

이 나라는 중앙아시아에 있다. 그리고 이곳은 '~의 땅' '~의 장소'를 의미하는 접미사 '스탄-stan'을 사용하는 7개국 중 하나다. 즉, 이 나라는 주요 민족인 '투르크멘족Turkmens의 땅'이다. 그 밖에는 아프가니스탄, 카자흐스탄, 키르기스스탄, 파키스탄, 타지키스탄, 우즈베키스탄 등이 있다.

이 나라의 거주 인구는 약 600만 명으로 알려져 있다. 앞으로도 살펴보겠지만, 이 나라에 대한 어떤 통계도 완전히 신뢰할 수는 없다. 이 나라는 영토의 거의 60%가 세계에서 11번째로 큰 카라쿰사막으로 덮여 있다. 따라서 이곳의 인구밀도는 전 세계에서 가장 낮다. 그리고 면적은 4700만 명이 사는 에스파냐보다 약간 작

다. 물론 이 유럽 국가도 특별히 인구밀도가 높은 편은 아니다.

이 지역에는 수천 년 전부터 사람이 살았다. 실제로 이곳에는 역사적인 길, 실크로드가 지나간다. 이 나라의 남동쪽에 있는 메르브는 12세기에 세계에서 인구가 가장 많은 도시였다. 그러다 이 나라는 19세기에 제정러시아에 합병됐고, 이후 소련의 영토가 됐다. 공산주의가 몰락하면서 1991년에 독립하여 투르크메니스탄은 공화국 지위를 얻었다.

그때부터 2022년까지 대통령은 단 두 명뿐이었다. 둘은 개인 숭배를 강화하기 위해 마치 누가 더 미친 짓을 하는지, 또는 누가 더 말도 안 되는 법률을 제정할 수 있는지 경쟁하려는 것 같았다.

첫 번째 대통령은 1985년부터 2006년까지 국가 원수였던 사파르무라트 니야조프Saparmyrat Nyýazow다. 그는 원래 공산당 서기장이었다가 죽기 전까지 대통령을 지냈다. 그는 은밀한 요소에까지 개인 숭배를 심어놓았다. 스스로 종신 대통령으로 선포했을 뿐만 아니라 특이

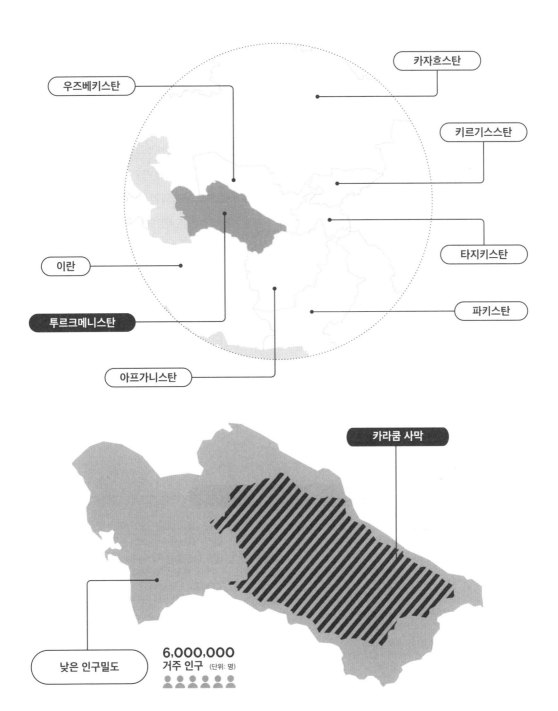

카자흐스탄

우즈베키스탄

키르기스스탄

타지키스탄

이란

파키스탄

투르크메니스탄

아프가니스탄

카라쿰 사막

낮은 인구밀도

6,000,000
거주 인구 (단위: 명)

한 법률들도 제정했다.

그의 얼굴과 모습은 화폐를 비롯해 모든 공공장소뿐만 아니라 수많은 곳에 나타났다. 심지어 그는 철학서의 일종인 《루흐나마The Ruhnama》*까지 썼다. 학교에서는 그 책을 가르쳤고, 공직에 오르려거나 심지어 운전 면허증을 따려는 사람들은 이 책으로 시험을 봐야 했다. 그는 달력까지 바꿨는데, 각 달의 이름을 자신과 관련된 내용으로 바꾸었다. 1월은 그의 별명인 투르크멘바시, 4월은 그 어머니 이름인 구르반솔탄, 9월은 그의 책 제목인 루흐나마로 바꾸었다. 심지어 이 책 모양의 거대한 기념비까지 세웠다.

그는 오페라와 발레, 서커스를 비롯해 공공장소 흡연, 심지어 냄새가 난다는 이유로 개까지 금지했다. 이 모든 것은 자유와 인권 침해에 관한 사례로, 이 나라는 세계에서 가장 억압적인 국가 중 하나로 꼽힌다.

그는 2006년에 자연사했다. 그렇다고 투르크멘인들의 삶이 달라진 건 아니었다. 이후 부총리 가운데 구르반굴리 베르디무함메도프Gurbanguly Berdimuhamedov가 그 자리를 대신했기 때문이다. 그는 이전에 니야조프의 치과 의사이자 보건부 장관이었다.

대통령이 되기 전부터 이미 그는 기존의 생각과 매우 다른 생각을 하는 사람임을 드러냈다. 보건부 장관 시절 그는 투르크메니스탄의 수도인 아시가바트 바깥의 모든 병원을 폐쇄했다. 치료를 받으려면 모두 수도로 가야 한다고 생각했기 때문이다. 어떤 사람들은 치료를 받기 위해 수백 킬로미터를 여행하거나 사막을 건너야 했다. 대통령 임기 초기에는 몇 가지 합리적인 결정을 내리기도 했다. 그는 달력을 원래대로 복구했고, 《루흐나마》를 읽거나 시험 보는 의무도 폐기했다. 전 대통령의 동상 중 일부도 제거했다. 하지만 시간이 지남에 따라 그는 그 빈자리에 자신의 동상을 세우고 싶어 했다.

그는 투르크메니스탄에서 전지전능한 존재가 됐다. 수

---

* '영혼의 책'이라는 뜻.

니야조프 달력

1월 ⟶ **투르크멘바시**Türkmenbaşy
(니야조프를 높여 부르는 존칭)

2월 ⟶ **바이다크**Baýdak
(니야조프 생일에 휘날리는 국기 이름)

3월 ⟶ **노브루즈**Nowruz
(3월에 열리는 이란의 신년 축제)

4월 ⟶ **구르반솔탄**Gurbansoltan
(니야조프의 어머니 이름)

5월 ⟶ **마그팀굴리**Magtymguly
(니야조프가 존경하는 투르크멘의 시인)

6월 ⟶ **오구즈**Oguz
(루흐나마에 나오는 투르크멘의 시조)

7월 ⟶ **고르쿠트**Gorkut
(투르크멘 서사시에 나오는 영웅)

8월 ⟶ **알프 아르슬란**Alp Arslan
(셀주크제국의 두 번째 술탄, 투르크멘인으로 규정함)

9월 ⟶ **루흐나마**Ruhnama
(니야조프가 쓴 책)

10월 ⟶ **가라시즐릭**Garaşsyzlyk
(독립의 달)

11월 ⟶ **산자르**Sanjar
(셀주크제국의 마지막 통치차)

12월 ⟶ **비타라플릭**Bitaraplyk
(중립국으로 인정된 달을 기념함)

도인 아시가바트를 초호화 도시로 만드는 바람에 지금 그곳은 지구상에서 흰색 대리석 건물이 가장 많은 도시가 되었다. 현지 소식통에 따르면 그런 건물이 543채나 있다. 또한 그는 개와 말을 아주 좋아해서 금으로 그들의 조각상까지 만들어 세웠다. 블라디미르 푸틴도 그를 만났을 때 개를 선물로 줄 정도였다. 아할테케라는 품종의 말은 투르크메니스탄의 위대한 상징 중 하나다. 그는 그것들을 통해 자신을 드러낼 기회를 절대 놓치지 않는다.

한편 그가 이목을 끄는 장면들도 꽤 있다. 관영매체는 대통령이 낚시를 하거나 군인들에게 둘러싸여 칼 던지기 연습을 하는 모습을 보여준다. 사격도 하고, 자동차 디자인을 하며, 파티에서 디제잉을 하면서 흥을 돋우기도 한다. 그의 디스토피아에서는 모든 것이 가능하다. 그는 사람들 앞에서 자신의 업적을 드러내지만, 실제로는 많은 사람이 빈곤 속에 허덕인다.

이 나라에는 자유 선거가 없다. 절대다수의 표를 얻으려 강요하는 가짜 선거만 있을 뿐이다. 그 결과 2007년에는 득표율이 89%에 육박했다. 2012년에는 96%, 2017년에는 97%까지 올라갔다.

2022년에는 베르디무함메도프가 스스로 사임하겠다고 밝혀 사람들의 이목을 끌었다. 그해 3월에 다시 선거가 치러졌는데, 승리의 주인공은 바로 베르디무함메도프였다. 그럼 그가 사임하지 않은 걸까? 사임을 하긴 했다. 구르반굴리 베르디무함메도프는 물러났지만,

그의 외아들 세르다르 베르디무함메도프Serdar Berdymukhammedov가 그의 뒤를 이었다. 이 대통령 후계자의 득표율은 '고작' 73%에 불과했다.

우리는 지금 이 나라에서 무슨 일이 일어나고 있는지 전혀 알 수 없다. 독립 언론조차 접근할 수 없기 때문이다. 국경없는기자회에 따르면, 투르크메니스탄의 언론 자유는 북한과 에리트레아*보다 더 낮다. 〈이코노미스트〉에 실린 민주주의 지수에서 이 나라는 167개 국가 중 161위였다.

이 나라에는 언론인이 입국할 수 없고, 관광비자도 거의 발급되지 않는다. 수도의 장엄한 건물 안에는 사람이 거의 살지 않는다. 해외에서 온 사람들은 항상 통제를 받는데, 자유롭게 이동할 수 없고 수도에만 머물러야 한다.

전 대통령인 구르반굴리 베르디무함메도프의 가장 놀라운 조치 중 하나는 '코로나바이러스'라는 단어 자체를 금지한 것이다. 팬데믹 자체를 부정하면 자연히 그 영향도 부정할 수밖에 없다. 따라서 이 나라는 국제 통계에 잡히지 않았으며, 다른 나라들과 달리 투르크멘 축구 리그는 2020년에 한 번도 중단되지 않았다.

이로 인해 투르크메니스탄의 코로나19 감염자는 0명, 사망자도 0명이다. 하지만 다른 나라와 마찬가지로 그 나라도 국경을 폐쇄하는 등의 조치는 했다. 영상 속에서 마스크를 쓴 사람들도 목격됐다. 공식적인 비밀이지만, 이 나라도 대유행을 피할 수는 없었던 것 같다.

---

*   1993년에 건국된 동아프리카 홍해 연안의 군국주의 국가.

베르디무함메도프도 해외에서 자기 정권의 이미지를 개선하기 위해 노력했다. 이를 위해 그는 2017년 아시아 실내 무도경기 대회 Asian Indoor & Martial Arts Games *를 개최했다. 그리고 50억 달러를 들여 불과 몇 주만 사용할 선수촌까지 지었다. 놀랄 만한 공항을 짓는 데 20억 달러가 더 들었다. 지금 그 공항은 수용 능력의 10%만 사용된다고 한다.

2021년에는 이곳에서 세계 트랙 사이클 선수권대회 UCI Track Cycling World Championships 가 열릴 예정이었다. 참고로 그가 좋아하는 것 중 하나가 바로 자전거 타기다. 그는 국제사이클연맹과 좋은 관계를 쌓았고, 이 스포츠 대회를 주최할 수 있게 되었다. 이에 따라 외국인들이 수도의 시설을 감상하기 위해 입국할 것으로 예상됐다. 그러나 아시아 국가들의 제한 조치로 인해 국제사이클연맹은 이 대회를 중단하기로 하고 개최지를 프랑스 루베 Roubaix 로 옮겼다.

그의 정부는 빈곤을 숨기고 반대파를 억압하면서 전 세계에 자랑스러운 모습을 보여주고 싶어 했다. 한편 강대국들은 다른 이유로 이곳에 눈독을 들이고 있다. 이곳에 전 세계 가스 매장량의 10%가 매장돼 있기 때문이다. 또한 투르크메니스탄은 석유 매장량 덕분에 자립할 수 있으며, 이곳은 세계에서 아홉 번째로 큰 면화 생산국이기도 하다.

하지만 지리적 위치 때문에 수출에 어려움이 있다. 이곳은 육지로 둘러싸여 있어 선박으로 LPG를 수출할 수 없어서 가스관을 통해야만 한다. 2009년에는 이곳 수출량의 80%를 보낼 수 있는 가스관이 연결됐는데, 이것은 우즈베키스탄과 카자흐스탄을 거쳐 중국까지 이른다. 또 다른 가스관은 이란과 연결되어 있다. 중국 의존을 줄여줄 아프가니스탄과 파키스탄을 거쳐 인도에 도달하는 추가 라인 건설도 예정되어 있다. 하지만 지역적 불안정 때문에 실행에 옮기는 건 쉽지 않아 보인다. 한편 유럽에서도 가스 공급원인 러시아에 대한 의존도를 낮추려고 애쓰고 있다. 카스피해를 가로지르는 가스관 사업이 있지만, 러시아를 비롯한 주변 지역들에 영향을 줄 수 있으므로 법적으로 그리 간단한 일은 아니다. 투르크메니스탄이 겪는 이 모든 상황 때문에 인구수 같은 국가의 가장 기본적인 자료조차 오리무중이다. 만일 그 정보를 알 수 있다면 이 기간에 얼마나 많은 투르크멘인이 더 나은 기회를 찾아 이주했는지를 확인할 수 있을 것이다.

이 나라에 대한 이런 설명은 아마도 제니퍼 로페즈와 같은 사람들이 비슷한 일을 겪지 않게 하는 데 도움이 될 것이다. 2013년, 이 미국의 유명인은 베르디무함메도프의 생일을 맞아 아시가바트에서 콘서트를 열었다. 그 일로 인해 인권단체의 비난을 받았고, 결국 그녀는 사과까지 해야 했다.

관광객이 그 나라에 들어가기가 쉽지 않아 그 독특한 장소를 직접 살펴보기란 매우 어렵다. 참고로 이곳에는 '지옥의 문'이라고 알려진 다르바자 Darvaza 구덩이가 있다.

* 아시아실내경기대회와 아시아무도경기대회를 통합한 대회로 4년마다 열린다.

© Rosselyn / Shutterstock

미국에서 반세기 동안 불타고 있는 도시인 **센트레일리아**와 비슷하다.

1971년 그 지역에서도 사고가 있었다. 당시 소련의 지질학자들이 가스로 가득 찬 지하 동굴을 발견했다. 그들은 유독 가스가 대기 중으로 확산될 것을 염려해서 그곳에 불을 지르기로 했지만, 계획대로 되지 않았다. 그 구덩이에 가스 매장량이 너무 많았던 탓에 오늘날까지도 계속 불타고 있다. 그곳은 지름이 69m, 깊이가 30m이며, 내부 온도는 400℃에 이른다.

아버지 베르디무함메도프의 마지막 계획 중 하나는 그 구덩이의 불을 끄는 일이었다. 그의 설명처럼 대기 중으로 빠져나가 가스가 낭비되는 걸 막으려던 것이다. 하지만 과학자들에게 이는 쉬운 일이 아니었다. 전에 이미 불을 끄려고 시도했었고, 실패한 일이라고 여겼기 때문이다.

아버지가 그런 일을 하는 동안 아들인 세르다르 베르디무함메도프가 아버지 대신 국가의 수장이 됐다. 이것은 북한의 김정은이 아버지인 김정일의 사망 후에 국가 원수가 된 것과 같다. 그것 외에도 이 두 아시아 국가의 유사점은 또 있다. 바로 외국인들이 보기에 폐쇄적이고 이상한 나라라는 점이다.

휘티어
(미국)

북
서 동
남

23장

휘티어

거의 모두가
같은 건물에 사는
마을

주민의 80%가 한 지붕
아래에서 잠을 잔다

거리나 학교에 가기
위해 건물 밖으로 나갈
필요가 없다

가장 가까운 도시에 가려면
터널을 지나야 하고,
이곳은 매일 밤 닫힌다

 티어에는 거리 이름이나 우편번호가 없다. 이곳 사람들은 주소를 말할 때 층수와 번호면 충분하다. 모두 또는 거의 모두가 같은 장소에 살고 있기 때문이다.

이곳을 좀 더 알아보기 위해서 아메리카대륙의 북쪽, 미국 알래스카주로 여행을 떠나보자. 더 자세히 말하자면, 알래스카주의 남부에 있는 작은 마을인 휘티어로 가볼 것이다. 이곳은 알래스카주에서 가장 인구가 많은 도시인 앵커리지로부터 약 100km 떨어져 있다.

이곳을 이야기할 때는 낮은 기온이나 산의 한가운데 있는 놀라운 풍경, 눈, 태평양과 연결되는 만灣이 등장한다. 그러나 지금 이곳을 살펴보는 이유는 독특한 특징 때문이다. 이곳의 거의 모든 주민은 온종일 같은 건물에서 함께 보낸다. 그들은 같은 건물 안에 살고 그 안에서 쇼핑하며, 병원과 경찰서, 교회, 심지어 시장실도 그 안에 다 있다.

어떻게 이런 일이 있는지 이해하려면 수십 년 전으로 거슬러 올라가야 한다. 이 지역은 제2차 세계 대전 이후 인구가 밀집됐다. 미국은 이곳에 비밀 군사기지를 건설하고자 했는데, 두 가지 이유로 적합했다. 하나는 주변의 거대한 산들이 그곳을 잘 숨겨주어서, 또 하나는 바로 앞에 겨울에도 물이 얼지 않는 만이 있어 항해가 가능했기 때문이다.

이렇게 오늘날 휘티어 가족들의 집에 해당하는 비기치 타워Begich Towers 가 지어졌다. 반세기보다도 더 전에

휘티어는
비밀 군사기지로
시작됐는데,
산들 사이에 숨겨져 있고
바로 앞에 만이
있었기 때문이다.

미국은 이런 식의 건물을 10개 정도 지을 계획이었지만 결국은 2개로 끝났다. 1960년대 초 미군은 그곳들의 사용을 중단했고, 그중 하나는 민간인을 위해 남겨졌다. 그리고 그곳에 또 다른 건물이 지어졌는데, 당시 알래스카 전체에서 가장 컸던 버크너Buckner 빌딩이다. 군대가 철수하자 그곳은 황폐해졌다. 철거하자니 수백만 달러가 들었다. 건설 중에 사용된 독성 물질인 석면을 제거하려면 비용이 많이 들었기 때문이다. 실제로 이 독성 물질 때문에 버크너 빌딩은 거주지로 적합하지 않았다. 지금도 비기치 타워 옆에 있지만 완전히 방치된 상태다.

다시 휘티어로 돌아가서, 비기치 타워에서 이웃들은 길가나 신호등 앞이 아닌 복도나 엘리베이터에서 서로 마주친다. 그래서 틴더Tinder*가 절대 새로운 만남을 이어줄 수 없는 곳이기도 하다.

이곳 사람들은 일상생활을 위해 외출할 필요가 없다. 건물 안에 기본적으로 필요한 것들이 다 있기 때문이다. 이런 공동체 생활 방식 덕분에 에너지 효율도 높다. 그래서 기온이 영하로 떨어지는 겨울 몇 달 동안 더 수월하게 추위를 이겨낼 수 있다.

산책하거나 영화를 보러 가고 싶을 때는 앵커리지로 나

---

* 만남을 위한 소셜네트워크 앱.

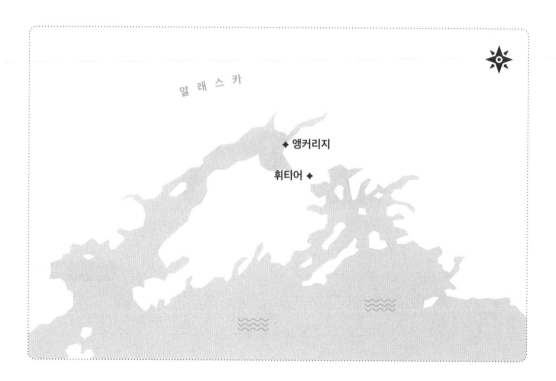

200 거주 인구 (단위: 명)

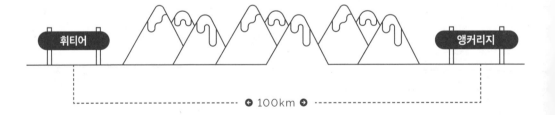

휘티어　　　　　　　　　　　　　　　　앵커리지

← 100km →

육로로 도시에 가려면 단일 차선으로 된 터널을 지나야 한다. 그 차선으로 자동차와 기차가 지나가고, 30분마다 진행 방향이 바뀐다.

갈 수 있다. 그러려면 그곳으로 이어지는 터널을 통과해야 한다. 단, 이 터널은 30분마다 방향이 바뀌는 단일 차선이고 자동차와 기차가 다 지나간다. 다시 말해, 시간이 안 맞으면 한쪽 끝에서 다른 쪽 끝까지 이어지는 4km 구간을 통과하기 위해 몇 분씩 기다려야 한다. 더 최악인 상황도 있다. 밤 10시 30분이 되면 다음 날까지 터널이 닫히기 때문에 그곳을 지나가려면 차에서 몇 시간이고 기다려야 한다. 이곳에 오고 싶은 모험가가 있다면 도착과 출발 시간 계획을 잘 세워야 한다.

물론 비기치 타워 밖에 다른 시설도 있다. 길 건너편에는 학교가 있다. 학생들이 겨울에도 문제없이 학교에 가도록 지하터널로 연결해놓았다. 그 터널 안에는 체육관도 있어서 운동하거나 놀 수 있다.

그 건물에서 좀 떨어진 곳에 집들도 있다. 몇몇 가족은 그 공동 건물에서 살지 않기 때문이다. 주민 220명 중 80% 이상이 비기치 타워에 살고, 나머지는 같은 지붕 아래가 아닌 거기서 몇 미터 떨어진 곳에 산다.

2020년 3월 9일 우리가 유튜브 채널에 이 장소에 대한 동영상을 게시했을 때, 현지 당국과 이야기를 나눈 사람의 말도 넣었다. 그는 "휘티어에서 종말론적 사건이나 전염병, 좀비 공격이 발생한다고 해도 도시 터널만 폐쇄하면 모든 사람이 안전할 수 있습니다"라고 했다. 그리고 이틀 뒤 세계보건기구WHO는 코로나19 팬데믹을 선언했다. 즉, 우리는 이 동영상을 앞으로 일어날 수 있는 일에 대한 암묵적 메시지로 받아들였다. 사실 그보다 한 달 전에 우리는 앞으로 다가올 일의 규모를 알지 못하는 채로 코로나바이러스에 대한 비디오를 게시

© Rubes.fotos / Shutterstock

했었다.

그러나 휘티어 당국은 그 터널을 완전히 폐쇄하지는 않았다. 물론 예방 조치를 취하기는 했지만 앵커리지와의 연결은 유지했다. 그것은 틀린 결정이 아니었다. 항만 노동자가 감염되긴 했지만 그 바이러스는 가족이 양성 반응을 보인 2020년 8월에야 비기치 타워 안으로 들어왔기 때문이다.

이곳에 관심이 있고 가보고 싶어 했던 사람들은 알겠지만, 충분히 방문할 수 있는 곳이다. 비기치 타워 내부에는 관광객을 위한 숙박 시설이 있다.

여름에 방문하는 사람들은 배를 타고 갈 수도 있다. 풍경과 산을 즐기기 위해 배로 가는 사람들도 많다. 해가 지지 않는 백야를 볼 수도 있다. 단, 불면증에 시달리는 사람에게는 달갑지 않을 수도 있다.

반대로 겨울에 방문하는 사람들은 온종일 해가 뜨지 않는 경험을 할 수도 있다. 이곳에 방치된 건물을 방문하는 공포 체험도 해볼 수 있다. 마지막으로 잊지 말아야 할 게 있는데, 현지 주민이 사는 곳을 알고 싶다고 해도 거리 이름을 물어볼 필요는 없다.

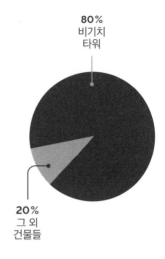

80%
비기치
타워

20%
그 외
건물들

220명의 주민 중
80% 이상이
비기치 타워에서
산다. 나머지는
같은 지붕 아래가
아닌, 거기서 몇 미터
떨어진 곳에 산다.

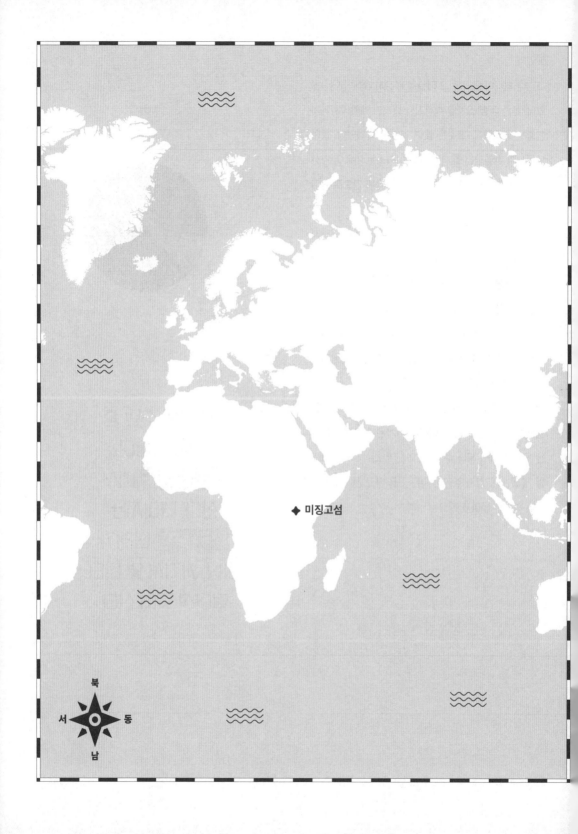

24장

미징고섬
세계에서 가장 인구가 많은 섬

2,000m² 면적 안에서
수백 명이 산다

나일농어 때문에
호수에 서식하는 200개의
종이 멸종됐다

주권국 간의 관계에
식민지 경계가 여전히
영향을 미친다

 징고섬은 21세기 인구통계학, 경제학 및 생태학적 요소가 서로 밀접하게 연관된 매우 중요한 곳이다. 또한 좁은 면적에 수백 명이 밀집해 있는 매우 작고 과밀한 섬이기도 하다. 이곳의 자원 개발은 즉시 환경 문제를 낳아, 과도한 나일농어 포획이 전체 생태계에 영향을 미쳤다.

물론 지역과 국가에 따라 상황이 다를 수 있으므로 이곳의 상황이 전 세계에서 벌어지는 일을 대표할 수는 없다. 하지만 이런 문제가 발생하는 곳에서 참고할 만한 사례가 될 수는 있다. 또한 이는 사람들이 이 섬에 몰려든 원인과도 관련이 있다. 왜 사람들은 그런 험한 땅에 정착하기로 한 걸까? 왜 그곳을 선택한 걸까? 미징고섬은 동부 아프리카의 빅토리아 호수 내에 있다. 이곳은 세계에서 가장 상징적인 호수 중 하나로 나일강 유역으로 흘러간다. 그리고 미국과 캐나다까지 이어지는 슈피리어 호수Lake Superior 다음으로 지구에서 두 번째로 큰 담수호이다.

이 호수를 공유하는 3개국이 있는데, 바로 탄자니아와 우간다, 케냐다. 이 중 우간다와 케냐가 이 2000m²의 작은 섬의 소유권을 놓고 다투고 있다. 이곳의 면적은 농구 코트를 네 개 합친 정도다.

여기에 사람이 정확히 얼마나 사는지 말하기는 어렵다. 2009년 인구 조사 기록에서는 131명이었다. 하지만 다양한 소식통에 따르면 지금은 400~500명에 달하고, 그것이 사실이라면 이곳은 세계에서 가장 인구밀도가 높은 곳 중 하나다. 인구 조사 자료에 따르면, 이곳의 인구밀도는 1km²당 6만5500명이다. 주민이 500명이라는 추정이 사실이라면, 인구밀도는 1km²당 25만 명으로 증가한다. 참고로 뉴욕시는 1km²당 1만1300명이다.

만일 하늘에서 비행기를 타고 미징고섬을 내려다본다면 땅이 거의 보이지 않을 것이다. 대신 이 섬의 인구 과밀을 드러내는, 땅을 거의 다 뒤덮은 수많은 건축용 판자들이 보일 것이다.

미징고섬은 그 맞은편에 있는 두 개의 무인도인 우싱고섬 Usingo Island, 피라미드섬 Pyramid Island 과 매우 다르

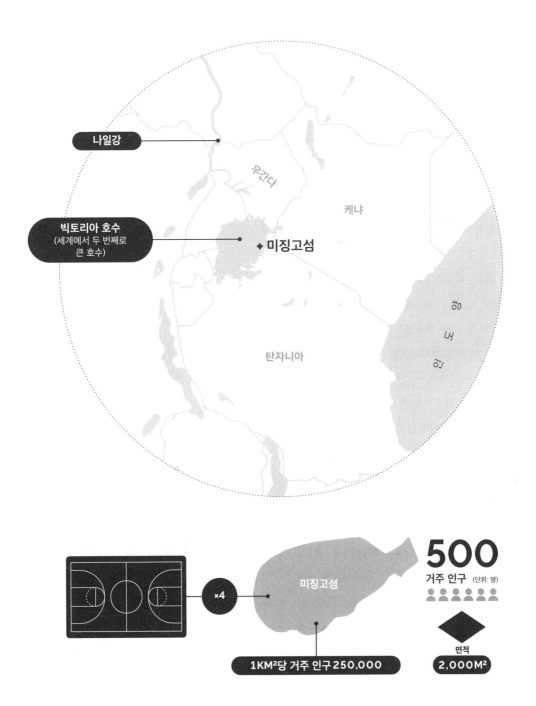

나일강

우간다

케냐

빅토리아 호수
(세계에서 두 번째로 큰 호수)

✦ 미징고섬

인도양

탄자니아

×4

미징고섬

1KM²당 거주 인구 250,000

500
거주 인구 (단위: 명)

면적
2,000M²

다. 왜 미징고섬에는 사람이 가득한데, 바로 앞에 있는 두 섬에는 아무도 살지 않는 걸까? 혹자의 말에 따르면, 그 두 섬에 악령이 살고 있어서 사람들이 그곳에서 사는 것을 꺼린다고 한다. 상식적으로 이해하기에는 좀 어려운 설명이라서 진실을 조금 더 알아보기로 했다. 그 결과, 그곳들은 지리적 특성 때문에 배가 들어올 항구를 건설하기가 어려웠다.

물론 이것은 그냥 지나칠 사소한 문제가 아니다. 많은 이들이 이 지역의 가장 큰 경제 활동인 어업을 통해 새로운 기회를 찾고자 미징고섬으로 이주했기 때문이다. 현재 이 섬에는 약국과 교회, 미용실을 비롯해 5개의 주점과 4곳의 사창가가 있다. 물론 모험심이 강한 관광객에게 숙소를 제공하는 호스텔도 있다. 당연히 호화로운 서비스는 기대하지 말아야 한다.

이 섬은 1990년대 초에 케냐 출신 어부 두 명이 정착하면서 사람이 살았던 것으로 알려졌다. 원래는 뱀만 우글거리던 황량한 땅이었는데, 거대한 빅토리아 호수 낚시에 이끌려 점점 더 많은 사람이 몰려왔다. 실제로 어업은 특히 처음 5년간은 엄청난 규모의 사업이었다. 1960년대는 인공적으로 이 호수에 도입된 나일농어의 황금기였다.

그 물고기는 그곳 환경에 완벽하게 적응했다. 하지만 티에라델푸에고섬의 비버가 그 숲에 엄청난 재앙이 된 것처럼, 이 새로운 종의 도입은 생태계에 예상치 못한 영향을 끼쳤다. 나일농어로 인해 약 200종의 토착종이 멸종했고, 앞으로 150종이 멸종할 수도 있다. 나일농어는 거대한 포식자로 그 호수에서 끝없이 늘어났다.

> 모든 **호수**는 **어업 활동** 발전에 치명적인 상황을 겪고 있다. 제대로 조치하지 않으면 상황은 더욱 악화하고 점점 **다양성도 줄어들** 것이다.

초기에 일부 사람들은 이로 인해 엄청난 이익을 얻었다. 그리고 나일농어의 크기가 거대해지면서 어부들을 비롯한 관련 회사들이 이 호수 곳곳에 정착했다. 당시 그 물고기의 길이는 2m, 무게는 200kg에 이르렀다. 그리고 조금씩 세계 여러 지역으로 수출되면서 막대한 이윤을 남겼다. 이것이 바로 많은 사람이 미징고섬에 정착한 이유다.

그러나 남획이 일어났다. 200kg에 달하던 물고기가 사라지자 100kg짜리가 늘어났다. 그 후에는 점점 50kg,

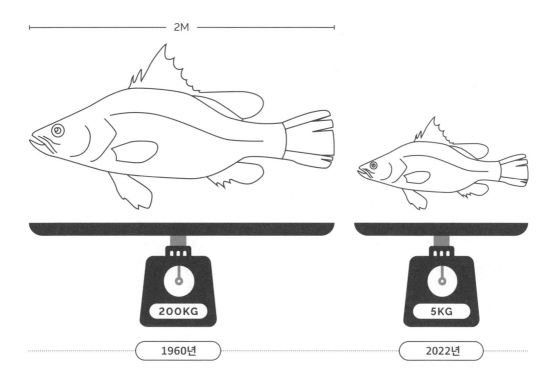

2M

200KG

1960년

5KG

2022년

20kg으로 줄었고, 결국 5kg짜리만 남게 됐다. 그러면서 공장의 물고기 처리량이 줄었고, 그 결과 이윤과 노동력도 줄었다. 게다가 나일농어는 영양가가 가장 낮은 물고기 중 하나로, 지방 함량과 열량이 낮고 맛도 좋은 편이 아니어서 체중 감소를 위한 식단용으로나 적합했다.

오늘날 이 호수는 부영양화 과정을 겪고 있다. 영양분이 많아지면서 과도한 조류藻類가 생성되고, 그 결과 산소가 모자라게 됐다. 모든 호수는 어업 활동 발전에 치명적인 상태가 되었다. 따라서 지금이라도 제대로 된 조치를 시행하지 않으면 상황은 더욱 악화하고 종의 다양성도 점점 줄어들 것이다.

한편 케냐와 우간다는 미징고섬의 인구 증가와 이에 따른 경제적 기회를 지나칠 수가 없었다. 이 섬은 두 나라의 국경과 매우 가깝고, 호수의 한계선도 그다지 명확하지 않기 때문이다. 케냐인들이 먼저 이곳에 정착했고, 이후 우간다인들이 도착한 것으로 보인다. 그리고 2000년대 중반에 우간다 군대가 이 섬을 장악하면서

© Daiju Azuma / Wikispecies

분쟁이 격화됐다.

2008년부터 2009년 사이 긴장이 고조돼 이 섬이 어느 나라에 속하는지 결정하기 위해 양국이 합동위원회를 만들기로 했다. 이를 위해 케냐와 우간다는 두 나라가 영국 식민지였던 1920년대 지도를 사용했다. 하지만 당시 위원회는 아무 결론도 발표하지 않았고, 결국 최종 합의도 이루지 못했다.

양국의 주민들은 이런 상황에 별로 개의치 않는다. AFP 통신에 따르면, 현지 노동자들은 그 상황에 대해서 다음과 같이 설명했다. "우리는 이 섬이 누구의 것인지 모릅니다. 단지 돈을 벌기 위해 왔을 뿐이죠. 그래서 고향을 떠난 거예요. 충분히 돈을 벌었다고 생각되면 바로 이곳을 떠날 겁니다. 그러면 또 다른 사람이 자기 운을 시험하러 오겠죠."

미징고섬의 국경은 그 섬보다는 케냐와 우간다의 수도인 나이로비와 캄팔라 측에 더 중요해 보인다. 이 섬으로 온 이민자들은 일자리를 찾고 더 나은 삶을 살길 원한다. 그들은 계속 어업에 전념하면서 고향에서 다른 일을 하며 올릴 수 있는 수입보다 더 많이 벌고 싶어 한다. 그러나 남획이 계속되고 생태계 개선 조치가 이루어지

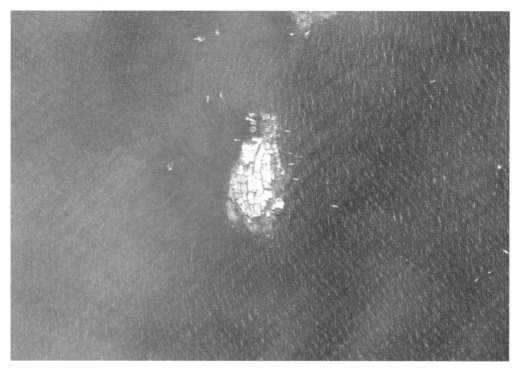

© Google Earth

지 않으면, 물고기 크기는 점점 더 작아지고 호수 주변에 사는 사람들도 줄어들 것이다.

미징고섬의 삶 또한 우리 삶에 경종을 울릴 수 있다. 필요 시설이나 서비스가 없는 곳, 인구밀도가 높은 곳, 대부분 고향과 친척과 사랑하는 사람들을 떠난 사람들이 오는 곳. 인간은 미래에 더 많은 가능성과 자유를 누리고 발전하기 위해 지금 얼마나 많은 것을 기꺼이 포기할 수 있을까? 매우 특별한 이 섬은 21세기의 인구통계학, 경제학, 생태학적 딜레마를 제시한다.

이 섬에는 57개의 술집과 약국, 교회, 미용실 및 4개의 사창가가 있다.

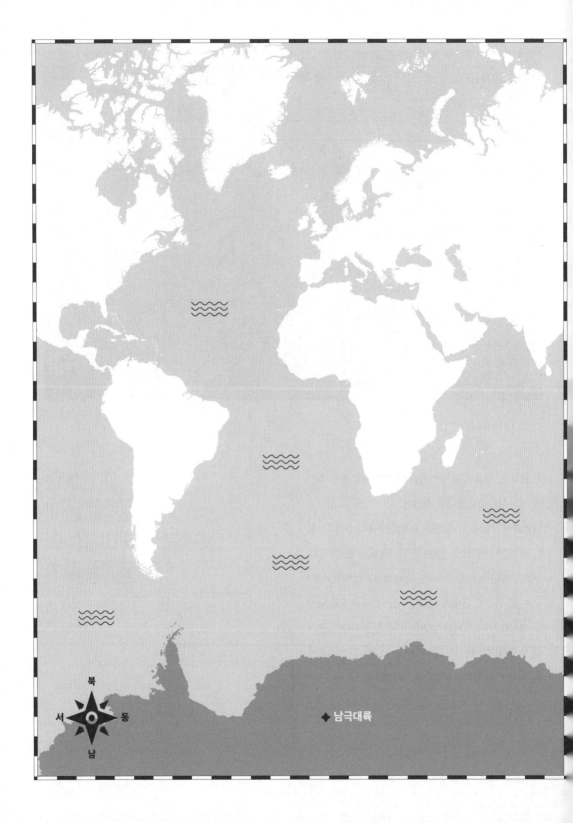

북

서 동

남

◆ 남극대륙

25장

남극대륙

그 누구의 것도 아닌
대륙

지구상 가장 춥고 바람이 세며, 고도가 높고, 인적이 드문 대륙

이곳의 게임 규칙은 다른 지역들과 다르다

인간 거주는 위대한 업적이다

레 군용기인 C-130 헤라클레스는 남아메리카의 남쪽 끝에서 출발한 후 더 남쪽으로 향한다. 몇 시간 뒤 드레이크해협을 세로 방향(보통 선박이 지나는 것과 반대 방향임)으로 건너자 다른 대륙이 나타났다. 그러나 바람이 너무 세서 착륙하기가 어려울 것 같다. 더 안 좋은 상황은 기상 조건 때문에 복귀 계획도 물거품이 되리라는 것이다. 만일 도착해도 다시 이륙이 가능할 때까지 매일 시도해야 할 것 같다.

당연히 모든 대륙이 각기 다르고, 다른 대륙과 구별되는 저마다의 고유한 특징이 있다. 하지만 달라도 너무 다른 대륙이 있다. 즉, 남극대륙은 완전히 딴 세상 같은 곳이다. 유럽이 수비수고 미국이 미드필더, 아시아가 스트라이커라면, 남극대륙은 골키퍼라고 할 수 있다.

남극대륙의 면적은 오세아니아 면적의 거의 2배이고, 유럽보다는 3분의 1 정도가 더 넓다. 하지만 그 광대한 영토에 약 5000명만 살고 있다. 그것도 여름 몇 달간 거주하는 인구이다. 겨울에는 인구수가 1000명 정도로 줄어든다.

그렇다, 이곳은 가장 추운 대륙이고 이 말에 놀랄 사람은 아무도 없다. 이곳은 역사상 가장 낮은 기온을 기록한 곳이다. 1983년에 영하 89.2℃를 기록했다. 대륙 내의 연평균 기온은 영하 57℃이다. 이곳은 가장 바람이 많이 불고 건조한 곳이기도 해, 거대한 사막이라고 볼 수도 있다. 이곳에 정착할 수 있는 종은 극소수다.

또한 이곳은 가장 높은 곳인데, 평균 해발 고도가 가장 높다. 이 사실은 과거에 지구 평면설을 주장하는 사람들에게 논쟁을 불러일으켰다. 이 음모론의 추종자들은 남극대륙이 실제로는 평평한 지구의 끝부분이고, 거대한 벽이 지구를 둘러싸고 있어 물이 진공으로 떨어지지 않는다고 주장한다.

이곳의 눈에 띄는 또 다른 문제는 바로 계절이다. 이곳에서는 여름과 겨울 대신 낮과 밤을 이야기해야 한다. 남극에서 해는 9월에 뜨고 3월에 지며, 고위도 지역으로 갈수록 해 뜨는 시간이 점점 늦어진다. 거의 모든 남극대륙에서는 소위 백야 현상이 일어난다. 즉, 온종일

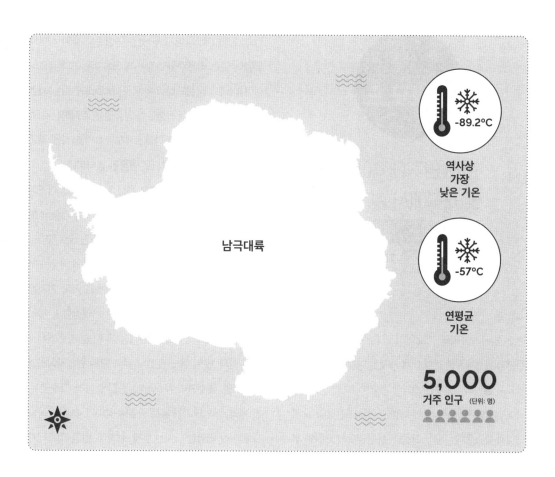

해가 지지 않는다.

차이점들을 계속 살펴보도록 하자. 과연 남극대륙은 누구의 소유일까? 비록 서로 다른 7건의 주장이 있었지만, 원칙적으로 이곳은 어느 국가의 주권 영토도 아니다. 이 규정은 오늘날까지 국가 간 협력 및 국제법 적용의 가장 좋은 사례 가운데 하나인 남극조약에서 마련됐다. 남극조약에는 1959년 아르헨티나와 오스트레일리아, 뉴질랜드, 벨기에, 칠레, 미국, 프랑스, 일본, 노르웨이, 영국, 남아프리카공화국, 소련 등 12개국이 서명했

고, 현재는 54개국이 따르며, 이는 전 세계 인구의 80%를 차지한다.

남극조약의 일부 조항은 남극대륙의 법적 지위를 규정한다. 예를 들어 이곳에서는 군사 실험과 핵폭발이 금지다. 이곳의 모든 활동은 평화적 목적이어야 하고, 조약을 준수하는 모든 국가는 연구 기지를 세울 수 있다. 따라서 현재 이곳에는 30개국에서 세운 약 65개의 과학기지가 있다. 일부 기지는 여름에만 활동하고, 다른 일부는 계속 활동을 이어간다. 이로 인해 이 대륙의 총구

현재 남극대륙에는
30개국에서 설치한
약 657개의
과학 기지가 있다.

는 연중 시기에 따라 크게 달라진다.

주권과 관련해서는 조약 이후 새로운 영유권 주장이 허용되지 않는다. 1959년 조약에 서명한 12개국 중 7개국이 남극대륙 일부 영토에 대한 주권을 주장했다. 노르웨이와 오스트레일리아, 프랑스, 뉴질랜드가 요청한 부분은 인접한 곳이지만, 아르헨티나, 칠레, 영국의 주장은 서로 겹친다. 최초 서명 당시 미국과 소련은 향후 주권 주장 가능성을 자제했다.

또한 어느 국가도 영유권을 주장하지 않은 지역이 있다. 마리버드랜드 Marie Byrd Land 라는 곳인데, 세계 3대 무주지無主地 중 하나다. 즉, 이곳은 전 세계 누구의 주권 아래 있지 않고, 어느 국가도 이를 주장하지 않는

땅이다. 참고로 나머지 두 곳은 이집트와 수단 사이의 국경에 있는 비르타윌 Bir Tawil 과 크로아티아와 세르비아 사이의 리버랜드 Liberland 다. 마리버드랜드는 서경 90~150°, 칠레와 뉴질랜드가 영유권을 주장하는 지역과 접해 있다. 즉, 갈라파고스제도와 타히티섬을 통과하는 가상의 선*을 남쪽으로 연장한 영역이다.

갈수록 남극대륙의 중요성은 점점 커지고 있다. 이곳에 관한 최초의 기록은 1820년과 1821년으로 거슬러 올라간다. 그리고 1904년, 최초 영구 기지인 오르카다스 Orcadas 가 세워졌다. 이곳은 아르헨티나에 속해 있으며 오늘날까지도 유지되고 있다. 이 대륙은 과학 기지뿐만 아니라 지구상 얼음의 90%와 담수 매장량의 70%를 보유한 곳이다. 이곳의 면적을 좀 더 쉽게 이해해보도록 하자. 만일 어느 순간 이곳의 모든 얼음덩어리가 녹는다면, 해수면이 약 60m 상승할 것이다. 그러면 수천 개의 섬과 도시가 물로 뒤덮일 것이다. 해수면 상승으로 가장 위험한 도시는 뉴욕, 상하이, 런던, 리우데자네이루이다.

세계자원연구소 World Resources Institute 보고서에 따르면, 세계 인구의 거의 3분의 1이 물 스트레스가 '매우 높은' 국가에 살고 있다. 아메리카대륙에서는 칠레·볼리비아·페루가 공유하는 안데스 지역이 가장 큰 영향을 받으며, 멕시코와 미국 서부의 상황은 훨씬 더 위험하다.

---

* 지구의 자오선과 평행선으로, 물리적으로 존재하지 않는 선이다. 위도와 경도를 참고로 지구 표면의 모든 지점 위치를 쉽게 지정하게 하는 역할을 한다.

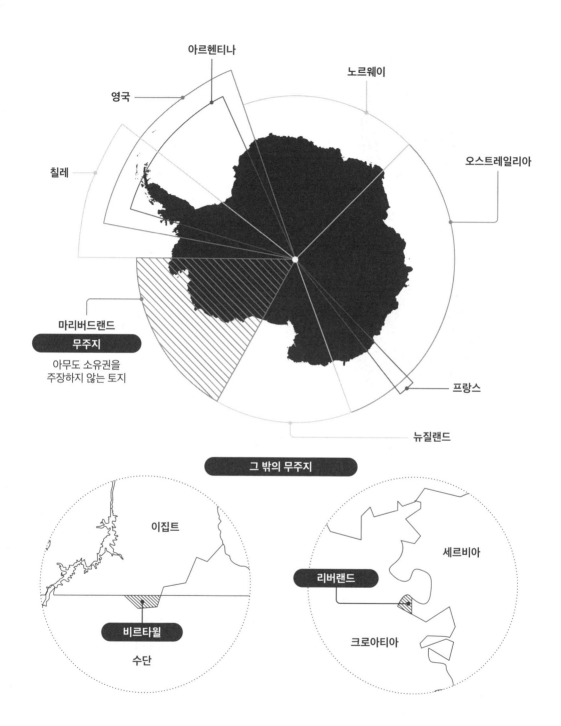

아르헨티나

노르웨이

영국

오스트레일리아

칠레

마리버드랜드

무주지

아무도 소유권을
주장하지 않는 토지

프랑스

뉴질랜드

그 밖의 무주지

이집트

세르비아

리버랜드

비르타윌

크로아티아

수단

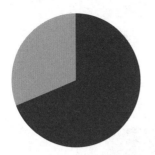

70%
세계 담수 저장량

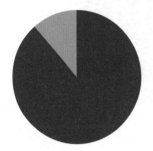

90%
세계 얼음 매장량

다시 백색 대륙으로 돌아가서, 이 광활한 영토는 물개와 펭귄에게는 아주 편안한 곳이지만 인간이 정착하기에 적합하지 않아 보인다. 이곳에 있는 30개국 중 28개국이 같은 정책을 시행하여, 과학적 연구 목적으로 기지만 세웠다. 나머지 2개국은 민간인 정착 정책도 추가했다. 칠레의 비야라스에스트레야스 Villa Las Estrellas와 아르헨티나의 포르틴사르헨토카브랄 Fortín Sargento Cabral에서는 나머지 지역과 매우 다른 경험을 할 수 있다. 비야라스에스트레야스는 1984년 칠레 정부가 안타르

티카 Antártica (에스파냐어로 '남극대륙'이라는 뜻인 동시에, 비야라스에스트레야스가 포함된 칠레의 주 이름이기도 함)에서 입지를 넓히려는 시도로 만들어졌다. 그동안 이곳은 아르헨티나와 국경 문제로 약간 긴장된 상태였다. 이 분쟁은 지구 남쪽으로 퍼져서 긴장이 고조되었다.

1978년 1월 7일, 에스페란사 기지 Esperanza Base에서 아르헨티나 출신의 에밀리오 마르코스 팔마 Emilio Marcos Palma가 태어났다. 그는 남극대륙에서 최초로 태어난 사람이었다. 이 기록은 이게 다가 아니었다. 그는 이 대륙에서 처음 태어난 사람일 뿐만 아니라 한 대륙에서 최초로 태어났다는 공식 기록을 얻은 유일한 사람이다. 그렇다면 미국에서 최초로 태어난 사람은 누구일까? 오세아니아에서 태어난 최초의 사람은? 이 질문들에 대한 단서는 어디에도 없다. 하지만 남극에서 태어난 최초의 사람에 대한 날짜와 장소는 정확히 기록되어 있다. 이는 기네스북에도 등재됐다. 남극대륙에서 눈에 띄는 기록이 또 있는데, 바로 유일하게 원주민이 없는 대륙이라는 점이다.

에밀리오의 어머니는 임신 7개월 차에 이 대륙에 도착했다. 6년 후 칠레인 후안 파블로 카마초 Juan Pablo Camacho가 이 대륙에서 '잉태되고 태어난' 최초의 사람으로 인정받았다. 언론에서는 그에게 '펭귄'이라는 별명을 붙여주었고, 그는 지금도 그곳에 남아 있는 비야라스에스트레야스 병원에서 태어났다. 그곳에는 병사들이 가족과 함께 거주하는 집이 여러 채 있다. 이것이 바로 남극대륙 대부분의 다른 기지들과 다른 점이다.

이곳에 장기로 거주하는 사람은 모두 남극대륙으로 오

기 전에 맹장 제거 수술을 받아야 한다. 관련 문제가 생겼을 때 아메리카대륙으로 가려면 며칠이 걸릴 수 있으므로, 최대한 위험을 줄이려는 조치다. 기상 조건이 안 좋아서 헬기가 뜨지 못할 때도 많기 때문이다.

어쨌든 비야라스에스트레야스에는 다양한 활동을 할 수 있는 돔 형태의 체육관이 있는데, 운동하거나 노는 아이들을 볼 수 있다. 또한 세계 최남단의 은행과 도서관, 슈퍼마켓, 교회, 시민 등록소, 우체국도 있다.

하지만 'F-50 학교'는 이제 더는 운영되지 않는다. 개교 33년 만인 2018년에 교육기관 폐쇄 명령을 받았다. 부모들이 이곳에 머무는 기간에 따라 매년 선생님들이 이 섬에 들어와서 1~2년간 아이들을 가르쳤고, 300명의 학생이 이곳을 거쳐 갔다. 당국이 폐쇄 결정을 내린 것은 열악한 건물 상태 때문이다. 극심한 추위와 강한 바람 때문에 많은 건물이 침식되었고 보존하기 어려워졌다. 현재로서는 더 많은 자금을 투자해 학교를 재건하고 다시 운영할 수 있을지 미지수다. 하지만 낙관적으로 생각해볼 가능성은 있다. 왜냐하면 2022년 3월 가브리엘 보리치가 칠레 대통령에 당선되었기 때문이다.

그는 마가야네스이데라안타르티카칠레나 주*의 주도인 푼타아레나스에서 태어났다. 기록에 따르면 그는 역사상 남극점에서 가장 가까운 곳에서 태어난 민족 지도자다. 그가 비야라스에스트레야스를 잘 알고 있으므로, 임기 중 남극 관련 정책에 더 관심을 쏟을 것으로 기대된다.**

따라서 칠레 학교가 문을 닫은 이후 대륙의 유일한 교육기관은 아르헨티나령에 속한 학교뿐이다. 38라울알폰신38 Raúl Alfonsín 학교는 1978년에 설립된 이래 지금까지 운영되고 있다. 2021년에는 팬데믹의 영향으로 수업이 없었지만, 2022년에는 다시 원래대로 수업을 진행했다 매년 2명의 교사가 티에라델푸에고섬에서 남극대륙으로 와서 아이들을 가르친다. 그들은 한 학급의 모든 초등학생을 책임진다. 중학생들은 온라인으로 수업을 듣는다.

이 학교는 또 다른 주요 민간인 거주 지역인 포르틴사르헨토카브랄에, 즉, 남극반도의 에스페란사 기지 내에 있다. 에스페란사 기지에는 가족들이 사는 집과 학교 외에도 작은 체육관, 모든 사람의 식사를 담당하는 식당, 주민등록을 담당하는 곳이 있다. 이곳에서는 총 13건의 혼인이 신고됐으며 8명의 아이가 태어났다. 에밀리오 마르코스 팔마 외에도 1970년대 후반과 1980년대 초반에 7명의 아르헨티나인이 태어났다. 하지만 이후에는 이곳에 출산하러 들어오는 일이 금지됐다.

에스페란사 기지에는 100여 명이 살고 있는데, 비야라스에스트레야스의 인구수와 비슷한 것이다. 하지만 이 숫자는 겨울과 여름이 각기 다르다. 이 기지는 칠레 마

---

* 마가야네스이데라안타르티카칠레나Magallanes y de la Antártica Chilena 주는 크게 칠레 본토 최남단의 마가야네스 지역(주도인 푼타아레나스가 위치함), 그리고 칠레의 남극대륙 영유권 주장 지역으로 구성되어 있다.
** 2023년 11월 23일 칠레 대통령 가브리엘 보리치는 유엔 사무총장인 안토니우 구테흐스와 함께 남극을 방문했고, 기후변화로 인한 위기의 징조를 목도하고 환경 보호를 위한 행동을 촉구했다.

을보다 6년 앞선 1978년에 세워졌고, 그 이래로 가장 오래된 민간인 마을로 꼽힌다.

이상하게 들릴지 모르지만, 이곳 생활의 가장 큰 어려움 중 하나는 식수를 구하는 것이다. 이미 말한 것처럼 남극대륙은 세계에서 가장 거대한 담수를 보유하지만, 그것을 얻으려면 기계 장치를 이용해야 한다. 예를 들어 에스페란사 기지의 인근 석호에서는 액체 상태의 물을 얻을 수 있다. 물론 이것은 동결을 방지하기 위해 열 테이프가 붙은 파이프로 운송된다. 하지만 다른 남극 기지에서는 종종 빙하에 의지해야 한다. 빙하에서 얼음을 추출한 뒤 그것을 녹여 얻는 방법이다.

이처럼 이 대륙은 우리가 상상조차 하기 어려운 너무나 다른 환경이다. 한편 부에노스아이레스의 컴퓨터 과학자인 하비에르 술레타Javier Zuleta 는 민간인이 거의 누릴 수 없는 기회를 얻어 남극대륙으로 가게 됐다. 그는 아르헨티나 공군을 위해 일한 뒤에 특별한 초대를 받았다. 그 부대의 사령관은 그에게 전체 지역에서 가장 중요한 기지 중 하나인 마람비오 기지Marambio Base 로 갈 것을 제안했다.

그 계획은 간단했다. 보급품을 기지로 옮기고, 과학자

© LouieLea / Shutterstock

들을 데려오는 것이었다. 남극대륙에서 하루 이상 머물 수는 없었기에, 그들은 아르헨티나 대륙의 남쪽에 있는 리오가예고스로 가서 그곳에서 다시 군용기를 타고 마람비오 기지로 가기로 했다. 그러나 예상 밖에 마람비오 기지의 체류가 길어지는 일이 발생했다. 얼음으로 뒤덮인 활주로에 착륙을 시도하던 중 비행기 엔진이 고장을 일으킨 것이다. 그들은 부품이 도착할 때까지 8일을 더 기다려야 했다. 설상가상으로, 그와 여행을 함께 했던 나머지 사람들(민간인과 군인)은 그 황량한 곳에서 지낼 준비가 거의 안 된 상태였다. 아주 짧게 머물 것으로 예상했기 때문이다. 그들은 리오가예고스에 짐을 두고 왔기에 똑같은 옷으로 1주일 넘게 버텨야 했다.

하비에르 술레타는 그때를 회상하며 말했다. "그곳은 많은 사람을 위해 준비된 장소가 아니었습니다. 우리 여섯 명은 컨테이너로 갔는데, 거기에는 더블침대 세 개에다 아주 작은 난로뿐이었어요. 잠을 잘 때 담요란 담요는 다 구해서 덮었는데도 추위를 피할 수가 없었습니다. 입고 있던 옷은 세탁해도 마르지 않았고요."

그는 당시 건물 본관에서 탁구와 당구를 쳤던 기억을 떠올렸다. 그나마 그것이 그에게 가장 익숙한 일이었다. 다른 장소로 이동하기 위해서는 강한 바람과 위험한 얼음 지역 때문에 굵은 밧줄을 이용해야 했다. 흡연을 하는 것은 또 다른 모험이었다. 담배를 피우려면 밖으로 나가야 했는데, 손이 얼어서 다 피울 수가 없었다. 그는 계속 말을 이었다. "가장 기억에 남는 건 거대한 흰색과 하늘색의 하늘이었습니다. 흰색을 보니 무한의 느낌이 들었죠. 제 눈 속에 간직한 얼음 색은 흰색에서 파랑으로 변하는 독특한 색이었어요. 별들이요? 밤이 되면 너무나 선명하게 빛났습니다. 그리고 그곳의 공기를 마시는 것은… 추위는 둘째치고 산소를 주입받는 기분이었습니다." 그것은 예상치 못한 경험이었지만, 분명한 사실이었다. "저는 매년 그곳에 돌아갈 거예요. 정말 독특한 느낌이 매력적이거든요. 하지만 그곳에 가는 건 너무 어렵습니다. 특히 그곳 사람들과 함께 머물며 생활하는 것은 정말 어려운 일이죠."

이렇게 극히 제한적인 곳이긴 하지만, 남극대륙에도 관광은 있다. 매년 약 5만 명이 이곳을 방문하는데, 거의 모든 사람이 유람선을 이용하고, 남극 땅에 머물지는 않는다. 다양한 원정대가 남반구의 여러 지점에서 출발한다. 그중 남아메리카에서 출발하는 경우가 가장 많은데, 가장 가깝기 때문이다. 즉, 남극반도*는 남극에서 가장 북쪽으로 뻗은 반도다. 아르헨티나의 우수아이아와 칠레의 푼타아레나스 두 곳은 남극 탐험의 주요 항구다. 이곳은 비행기로 갈 수도 있지만, 배를 타고 가는 경우가 가장 많다. 이 탐험을 떠나는 사람은 독특한 장소를 경험하게 될 것이다. 가장 춥고 바람이 많이 불며, 원주민도 없고 사람이 살지 않는, 그리고 담수와 얼음의 매장량이 가장 많은 대륙은 그 어느 나라의 것도 아닌 모두의 것이다. 또한 언제나 쉽게 갈 수 있는 곳도 아니고, 떠남이 예정된 곳이다.

---

* 　남극대륙에서 북쪽으로 뻗어 드레이크해협을 사이에 두고 남아메리카와 마주 보고 있는 반도.

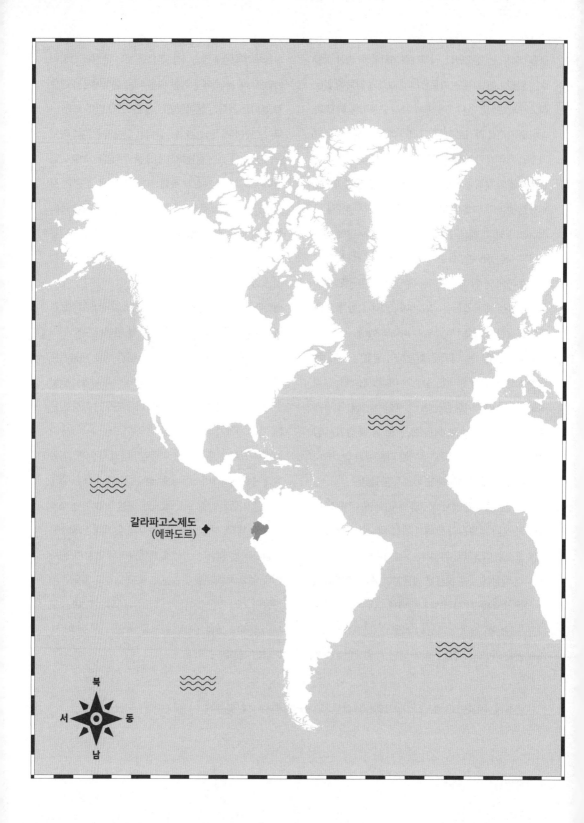

갈라파고스제도
(에콰도르) ◆

북
서 ○ 동
남

26장

갈라파고스제도

진화의 역사를
증명하는
생물들의 낙원

위기에 처한
다양한 생물들의 낙원

세상을 보는
방식을 바꾼
고유종들

독립 국가가 될
뻔했다

 세기 찰스 다윈의 연구와 종의 진
화론이 미친 영향력은 한 세기 반
이 지난 오늘날에도 정확히 파악
하기 어려울 정도로 크다. 이는 수천 년 동안 박혀 있
던 신념과 개념을 근본적으로 바꾼 획기적인 과학적 사
건이었다.

비글호에 탔던 영국 박물학자들의 여행은 다양한 동물
을 관찰하게 된 매우 중요한 출발점이었다. 특별히 다양
한 종이 서식하고 전에는 본 적 없는 동식물이 사는 중
요한 장소가 있었다.

바로 100개 이상의 섬으로 이루어진 군도인 갈라파
고스제도다. 이곳은 본토인 에콰도르 해안에서 약
1000km 떨어져 있다.

그중 13개의 큰 섬은 면적이 각각 10km²가 넘는다. 그
중 가장 넓은 섬은 전체 군도의 절반 이상을 차지하는
이사벨라섬인데, 유일하게 적도 선을 통과한다. 나머지
섬들은 이 가상 선의 이쪽 저쪽에 있다.

고유종의 수가 많은 갈라파고스제도는 지구상 생물 다

각 섬의
풍경과 동식물은
독특하다!
각 환경은 이전 환경과
다르다.

양성을 보여주는 훌륭한 상징적 장소다. 이곳에는 세계
어디에서도 볼 수 없는 동식물이 살 뿐만 아니라 섬마다
서식하는 종도 각기 다르다.

특히 이곳에 고유한 동물들이 출현하게 된 이유는 다양
하다. 먼저 이 제도는 세 개의 큰 해류가 합류하는 지점
에 있다. 이 해류들은 떠 있는 모든 것을 멀어지게 하는

경향이 있고, 그 결과 이 지역의 고립이 강화됐다.

적도 지역 다른 섬들과 달리 갈라파고스제도는 건조하다. 이런 기후는 포유류가 살기에는 불리했지만 파충류에게는 도움이 됐다. 그래서 이곳에는 길이 2m에 무게가 450kg이며, 수명이 100살이 넘는 유명한 거대 거북이 산다.

우리를 놀라게 하는 동물은 그뿐만이 아니다. 여기에는 바다에서 해조류를 먹고 사는 유일한 도마뱀인 해양 이구아나도 있다. 구애할 때 특별한 춤을 추는 놀라운 푸른발부비새도 있다.

과연 북반구에 펭귄이 살까? 갈라파고스에서만 가능한데, 이곳에 고유종이 서식하기 때문이다. 그들은 페루에서 불어오는 한류인 페루 해류 덕분에 이곳에 도착했다고 한다. 원래 펭귄과 북극곰은 서로 모르는 사이인 것이, 펭귄은 남반구에, 북극곰은 북반구에 살기 때문이다. 다만 적도를 살짝 지나가는 갈라파고스에서만은 예외다.

눈에 띄는 또 다른 동물로는 날지 못하는 가마우지가 있다. 그 새는 비행 능력을 잃은 대신 물에서 먹이를 얻기 때문에 수영에 능숙하다.

이러한 적응 능력을 보면 다윈이 왜 이 섬에 관심 쏟았는지 이해가 간다. 섬마다 각기 다르며 많고도 독특한 동물을 관찰한 것은 분명 그의 연구에 큰 도움이 됐을 것이다. 그렇다고 그가 이 군도를 방문한 유일한 유

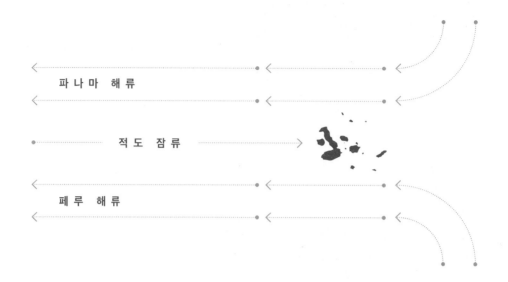

파 나 마 해 류

적 도 잠 류

페 루 해 류

이곳은 북반구에서
펭귄을 볼 수 있는 유일한
장소이다.

명인은 아니다.

일부 역사가들은 잉카제국이 갈라파고스제도에 도착
했다고 주장한다. 이에 관한 결정적인 증거는 아직 발
견되지 않았으나, 유럽인이 도착한 후로 많은 해적이 이
섬을 피난처로 이용한 건 사실이다. 19세기에 최초로
이곳에 사람이 거주했다는 기록이 남아 있다. 그는 바
로 플로레아나섬에 발이 묶여 2년간 고립된 삶을 살았
던 아일랜드인 패트릭 왓킨스Patrick Watkins였다.

1832년에 이곳은 공식적으로 에콰도르 영토가 되었

고, 인구도 증가하기 시작했다. 그리고 우리가 지도의
여러 지역에서 본 것과 같은 의견이 이곳에서도 나왔
다. 즉, 섬을 감옥으로 만드는 것이었다. 앨커트래즈섬
Alcatraz Island *뿐만 아니라 오늘날에도 비슷한 예가 많
다. 넬슨 만델라는 27년 중 18년을 케이프타운의 로벤
섬에서 보냈다. 1905년부터 2019년까지 멕시코 태평
양의 마리아스제도 Islas Marías 에는 연방 형벌 식민지가
있었다. 페르난두지노로냐 군도 역시 200년 이상 감옥
으로 사용됐다.

갈라파고스제도의 플로레아나섬과 산크리스토발섬은
탈출할 길이 없었기 때문에 일종의 야외 감옥이나 마
찬가지였다. 하지만 그런 시도들은 몇 년간만 이어졌
고, 이후에는 폭동이 발생했다. 20세기 들어서 또다시
여기서 가장 큰 이사벨라섬에 감옥을 지으려는 시도가

---

*   샌프란시스코 연안의 작은 섬으로 예전에 교도소가 있었다.

있었다.

제2차 세계 대전 중에 미국은 파나마운하를 통제하기 위해 이곳에 정착했다. 종전 후 에콰도르 대통령이던 호세 마리아 벨라스코 이바라José María Velasco Ibarra는 사용하지 않는 군사 시설을 감옥으로 사용하기로 했다. 그래서 지금 이곳에서는 1946년부터 1959년까지 감옥에 갇혔던 수감자들이 쌓은 눈물의 벽을 볼 수 있다. 가장 논란이 되는 이야기 중 하나는 마누엘 코보스Manuel Cobos와 관련된 내용이다. 그는 1866년에 산크리스토발섬에 도착해서 이 섬의 첫 번째 소유자가 됐다. 그 당시는 최초의 감옥 사태가 끝난 지 몇 년 안 된 시기였다. 그때 이 섬은 오늘날 우리가 보는 생물 다양성의 낙원이 아니라 매우 황량하고 거친 땅이었다.

마누엘 코보스는 천연 염료인 오르칠라Orchilla*를 채취하기 위해 이 섬에 정착했다. 하지만 얼마 후 그는 사탕수수 사업에 전념하기 시작했다. 그렇다, 이 군도에는 제당 공장이 있었다. 노동자들이 들어와 자유의지로 일했는지 그에게 착취당했는지는 분명하지 않으나, 당시의 근무 조건이 그리 모범적이지는 않았다.

문제는 그가 사업을 너무 키워 광대한 농원에서 사용할 자체 화폐까지 주조했다는 것이었다. 이것으로 그가 얼마나 큰 권력을 쥐고 있었는지 분명하게 알 수 있다. 그는 산크리스토발의 황제라고 불렸다.

그렇다면 하나의 섬이나 군도 전체의 독립은 어떨까? 모두가 아는 것처럼 오세아니아에는 매우 작고 인구가

> 마누엘 코보스는
> **사탕수수** 사업을 키워서
> 농원 내에서 사용되는
> 자체 **화폐**까지
> 만들었다.

적은 독립 국가들도 있으니 이곳인들 그런 생각을 안 해 볼 수가 없다. **투발루**와 **나우루**의 인구는 겨우 1만 명이 조금 넘지만, 유엔 총회에서 한 표를 행사한다.

하지만 이곳에서는 그런 일이 일어나지 않았다. 그리고 역사는 코보스에게 갑작스러운 죽음을 선사했다. 수년간 노동자들을 학대한 결과 1904년에 반란이 일어났고 결국 암살당했다.

이후 20세기 후반은 변화의 시기였다. 1959년에 이 땅의 97%를 차지하는 국립공원이 만들어졌다. 그때부터 생물 다양성에 관한 특별한 관심이 생겨났고, 독특한 종들을 보존하기 시작했다.

그 일에는 큰 진전이 있었다. 한때 갈라파고스제도는 유네스코 세계위기유산 목록에 등재됐지만, 2010년에 그 목록에서 제외됐다. 핀손섬Pinzón Island에서도 또 다른 구체적인 진전이 이루어졌다. 한때 사람들이 들여온 염소가 이곳 생태계를 바꾸었는데, 1970년대에 포식자

---

* 고급 직물의 염료로 사용되는 식물의 일종인 지의류.

역할을 하는 이 동물을 박멸할 수 있었다.

한편 이곳에는 사람들이 너무 많아져서 위험 경고가 울린다. 군도 전체에는 총 3만 3000명 정도 살고 있으며, 해를 거듭할수록 관광객이 느는 중이다. 30년 전만 해도 연간 4만 명이 조금 넘는 정도였는데, 2019년에는 27만 명이 방문했다. 2021년에는 코로나19 대유행의 여파로 13만 5000명으로 감소했다.

물론 이곳의 관광을 막자는 게 아니다. 책임감 있고 의식적인 관광이 이루어져야 한다는 것이다. 갈라파고스는 각 섬에서 볼 수 있는 풍경과 동식물이 너무나도 독특하고, 이곳 환경이 이전과 크게 달라졌기 때문이다. 바르톨로메섬Bartolomé Island과 다윈섬Darwin Island에서는 다이빙과 스노클링도 할 수 있다. 산타크루스섬 Santa Cruz Island에 가면 자이언트 거북을 볼 수도 있다. 모두가 인정하는 또 다른 훌륭한 명소 중 하나는 라비다섬Rábida Island이다. 이곳에는 다른 섬과 달리 화산 용암 때문에 생긴 붉은 모래가 있다.

갈라파고스제도는 어느 특정 순간에만 특별한 게 아니라 끊임없이 새로움이 나타나는 곳이다. 1906년에 표본을 채집한 이후로 이곳의 자이언트거북에 대한 분류가 확립됐다. 그러나 2022년 유전자 분석을 통해 산크리스토발섬에 서식하는 거북은 종이 다르다는 사실이 밝혀졌다.

오늘날까지 살아남지 못한 명소가 있으니, 바로 유명한 다윈의 아치다. 이것은 높이 18m에 달하는 암석으로, 동명의 다윈섬 안에 있었다. 하지만 2021년 자연 침식으로 구조물이 무너지는 바람에 이제는 볼 수 없다. 지금은 서로 연결되지 않은 두 개의 기둥 부분만 남아 있다.

이렇게 다윈이 과학계 혁명을 일으킨 지 한 세기 반이 지났지만, 그의 이름은 여전히 지구의 진화와 연결되어 있다. 요즘 일어나는 일들과도.

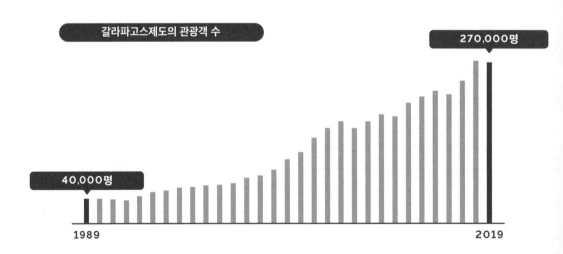

갈라파고스제도의 관광객 수

40,000명

1989

270,000명

2019

© FOTOGRIN / Shutterstock

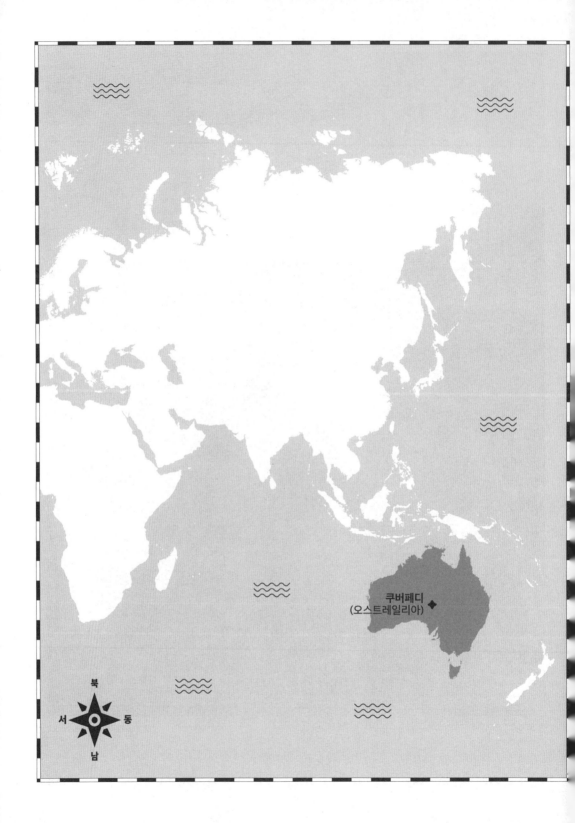

쿠버페디
(오스트레일리아)

북
서 동
남

27장

쿠버페디
지하 마을

주민의 80%가
지하에 산다

세계에서 오팔
매장량이 가장 많은
곳이다

연중 5개월 동안
최고기온이
30℃ 이상이다

 스트레일리아의 아웃백Outback에 딱 맞는 창의적인 형용사를 찾기란 쉽지 않다. 이곳은 끝없이 펼쳐지는 광활한 사막으로, 국토의 80%를 차지하지만, 단 2%의 인구만 사는 곳이다. 또 사막처럼 건조한 땅과 태양의 열기가 이글거리는 영원한 지평선이 펼쳐지는 곳이다.

호주 중부에서 가장 인구가 많은 도시는 앨리스스프링스로 2만6000명이 산다. 이보다 더 많은 사람이 사는 호주의 54개 도시는 모두 해안 지역에 있다.

이 거대한 아웃백에는 세 가지 주요 경제 활동이 있다. 첫째는 방목으로, 소는 사람의 손길이 거의 닿지 않는 환경에서 사육된다. 둘째는 관광이다. 울루루Uluru는 사막을 탐험하고 싶은 호기심 많은 이들에게 더할 나위 없이 좋은 관광 명소다. 마지막으로 광업이 있는데, 이곳에서는 금, 니켈, 구리, 철, 다이아몬드 등이 난다. 그리고 쿠버페디의 존재 이유인 오팔도 채굴된다. 오팔(단백석)은 가공되는 돌 가운데서 보석상들이 가치를 매우 높게 치는 광물이다. 역사적으로 슬로바키아는 이

자원이 고갈되기 전까지 오팔의 주요 원산지였다. 현재는 호주가 세계 오팔 시장의 약 95%를 차지하고, 그 대부분이 이 마을에서 생산된다. 그 외 에티오피아, 미국, 멕시코, 브라질, 온두라스, 과테말라에서도 생산되나 그 양은 미미하다. 오팔은 화성에서도 발견됐지만 거기서 채굴하기는 더 어렵다. 적어도 지금까지는 그렇다.

환경에 적응하려고 노력하는 인간의 창의력은 쿠버페디에서 큰 시험을 받았다. 이 마을의 주민은 2000명이 채 안 된다. 이곳은 애들레이드에서 북쪽으로 800km, 앨리스스프링스에서 남쪽으로 700km쯤 떨어져 있다.

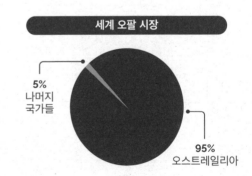

세계 오팔 시장

5%
나머지
국가들

95%
오스트레일리아

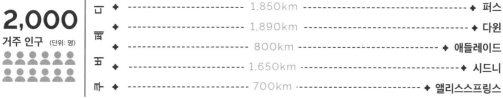

2,000
거주 인구 (단위: 명)

거리		
◆ ----------- 1,850km -----------	◆	퍼스
◆ ----------- 1,890km -----------	◆	다윈
◆ ----------- 800km -----------	◆	애들레이드
◆ ----------- 1,650km -----------	◆	시드니
◆ ----------- 700km -----------	◆	앨리스스프링스

스튜어트 하이웨이
27,200KM

다윈

앨리스스프링스

쿠버페디

퍼스

포트 오거스타

시드니

애들레이드

오스트레일리아

인 양

오늘날 이곳에는
상점과 레스토랑, 미술관,
심지어 교회까지 있다.
지하 수영장도
만들어졌다.

그러나 이곳의 주목할 만한 점은 그런 고립이 아니다. 오스트레일리아 사막 대부분은 서로 떨어져 있기 때문이다. 이곳의 이상한 점은 바로 주민의 80%가 땅 아래 2~7m 사이에 산다는 사실이다. 그렇다, 그들은 지하에 산다.

48°C

인구의 80%

지하 생활

25°C

어떻게 이런 생활이 시작되었는지 이해하려면 1915년으로 거슬러 올라가야 한다. 당시 이곳에는 오팔에 매료된 사람들이 정착하기 시작했다. 곧 그들은 이곳에 심각한 문제가 있음을 깨달았다. 여름에는 기온이 40℃가 넘기 일쑤고, 비도 거의 오지 않았고, 모래 폭풍까지 일었기 때문이다. 즉, 이곳은 거주하기 매우 힘든 환경이었다.

하지만 광산 노동자들은 이에 대한 해결책을 찾아냈다. 그들은 광물을 캐려고 지하로 내려갔을 때 그곳 온도가 훨씬 견딜 만하다는 걸 깨달았다. 그들은 지하에 머물기 시작했고, 그렇게 조금씩 땅을 파서 집을 지었다. 시간이 지나면서 그 지하 구조물은 점점 더 진화해 단순 거주지에서 더 나은 형태로 발전했다. 오늘날 이곳에는 상점과 레스토랑, 미술관, 심지어 교회까지 있다. 지하 수영장도 만들어졌다. 당연히 지하 건물의 모든 천장은 지상의 바닥에 해당한다. 만일 집을 확장하고 싶다면, 벽을 파기만 하면 된다.

지상에 있는 건물이라고는 두 개의 슈퍼마켓뿐이다. 그래서 아주 무더운 날이라도 어쩔 수 없이 밖으로 나가긴 해야 한다.

이 마을의 역사가 바뀐 중요한 시점은 1981년이었다. 당시 관광 산업이 탄력을 받으면서, 최초의 지하 호텔이 지어졌다. 데저트 케이브 호텔Desert Cave Hotel은 지금도 운영되며, 단순히 객실만 제공하지 않는다. 이곳에서는 광산 여행으로 오팔 캐는 체험도 해볼 수 있다.

또한 1987년에 스튜어트 고속도로가 개통되면서 이 지역의 접근성이 훨씬 더 좋아졌다. 이는 다윈에서 포트오거스타까지 호주의 북부와 남부 해안을 연결하는 약 3000km 길이의 도로로, 아웃백을 세로로 지나간다. 현재 외부에서 쿠버페디 풍경을 들여다보면 내부 생활을 가능하게 해주는 환풍구들만 보인다. 이곳의 집들은 자연광을 받지 못해 많은 전기 에너지가 필요하다. 그나마 땅의 자체 단열 덕분에 에너지가 절약된다. 태양 에너지도 사용하기 때문에 이곳 생활이 지속될 수 있다.

과연 이것이 전반적인 대안으로 확장될 수 있을까? 즉, 단열을 통해 에너지 소비를 줄이는 고립된 지하 장소라는 해결책이 큰 규모로도 가능할까? 다른 곳에도 적용

자연광을 받지 못해 집에는 많은 전기 에너지가 필요하다. 그나마 땅의 자체 단열 덕분에 에너지가 절약된다.

할 수는 있겠지만 이 기술이 모든 곳에서 가능한 건 아니다. 집을 짓기 어려운 토양도 있고, 대부분은 지하수 문제를 해결해야 하기 때문이다.

쿠버페디 풍경 중에는 의외의 장면도 있는데, 바로 지상 골프장이다. 과연 비가 거의 오지 않고, 참기 힘들 정도로 더운 이곳에서 어떻게 이 운동을 할 수 있을까? 첫째로 이곳은 사막의 풀 한 포기 없는 골프장이기 때문이다. 둘째로 태양이 지고 더위가 잦아드는 밤에 골프를 치기 때문이다. 그래서 이곳에서는 어둠 속에서 빛나는 공을 사용한다.

한 마디로 쿠버페디는 영화에 나올 만한 곳이다. 이미 여러 영화감독이 같은 생각을 했던 것 같다. 그래서 화성처럼 오팔이 나는 이곳에서 1985년 〈매드맥스〉 3편과 화성의 분위기를 재현한 〈레드 플래닛〉(2000)이 촬영됐다.

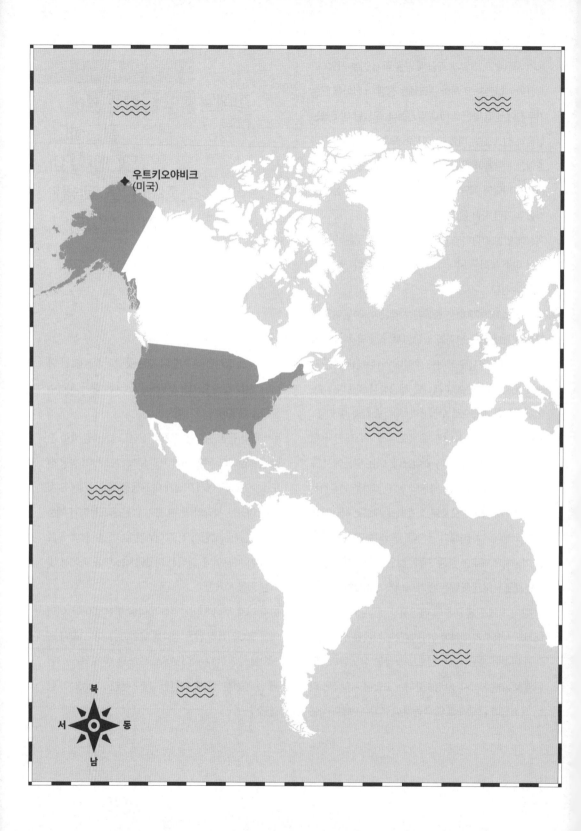

28장

우트키오야비크

미국의
최북단 도시

북극권에서 2,000km
떨어진 곳에 있다

육상이나 해상 연결이
거의 없는 추운 기후
속에서 수천 명이 산다

연중 2개월은 태양
빛을 볼 수 없다

메리카는 남북으로 이어진 가장 넓은 대륙이다. 미국의 배로곶은 북위 71°에 있다. 거기에는 인구 약 4000명이 사는 작은 마을, 우트키오야비크Utqiaġvik가 있다. 그리고 지구 반대편에는 남위 54°에 있는 아르헨티나의 우수아이아가 있다. 이 두 곳은 각 극에서 가장 가까운 아메리카대륙의 도시들이다.

이 두 도시 사이의 직선거리는 1만6000km 정도다. 많은 모험심 강한 여행객들에게 대륙 전체를 여행하는 것은 꿈이다. 다양한 고도와 기후, 초목 및 풍경을 직접 보려는 것은 매우 특별한 목표다. 광범위한 팬아메리칸 하이웨이는 거의 모든 길을 연결하면서 14개국을 통과한다. 실제로 많은 모험가가 자전거와 오토바이, 심지어 도보로 그 계획을 실행에 옮겼다.

마르틴 에체가라이 다비에스Martín Echegaray Davies도 이와 관련된 독특한 이야기의 주인공 중 한 명이다. 2017년 10월 그는 60세에 '세 아메리카대륙 도보 여행Las 3 Américas Hike'이라는 이름을 내걸고, 알래스카 도

낮은 기온으로 인해 대부분은 바다가 얼어붙어 있어서 항해를 할 수가 없다. 1년에 딱 한 번, 가장 무거운 화물을 실은 배만 한 척 도착한다.

착을 목표로 우수아이아에서부터 걷기 시작했다. 그는 거기에다 또 다른 어려운 조건을 추가했다. 즉, 아르헨티나 23개 주의 주도를 통과하기로 했고, 그러면서 경로가 조금 더 길어졌다.

그는 2년간 도보로 여러 국경을 넘었다. 2019년 말에는 캐나다 국경 근처에 있었는데, 정확히는 미국의 파고Fago에 있었다. 그렇다, 이곳은 1996년에 조엘 코언Joel Coen, 이선 코언Ethan Coen 형제가 영화로 만들어

서 세계적인 명성을 얻은 도시. 하지만 겨울이 다가오고 있었고, 북미대륙의 그 지역은 기후 때문에 상황이 좋지 않았다. 그는 상황이 나아질 때까지 몇 달 기다렸다가 여행을 이어가기로 했다.

2020년 3월, 그는 다시 여행을 떠날 준비를 했다. 하지만 또 다른 문제에 부딪히고 말았다. 코로나 팬데믹으로 온 나라 국경이 폐쇄됐다. 결국 그는 2만3000km 정도를 여행한 시점에서 다시 고향으로 돌아갈 수밖에 없었다. 그의 원래 목적지는 알래스카 북부의 데드호스였다. 이 여행을 마친 사람이 있는데, 바로 '카고Cargo'로 알려진 홀리 해리슨Holly Harrison 이다. 그는 우수아이아에서 출발해서 530일간 여행했으며, 그 목표를 이루기

위해 심장마비도 극복해야 했다. 현지 가이드의 도움을 받아 도보로 **다리엔 지협** 정글도 지났다.

보통 이런 원정을 떠날 때는 팬아메리칸 하이웨이의 끝인 프루도만을 목표로 삼는다. 물론 시작 지점에 따라 이곳이 출발점이 될 수도 있으나, 실제로 그곳은 대륙 최북단이 아니다.

지도상 거기에서 서북쪽으로 조금 더 가면 우트키오야비크가 나오기 때문이다. 그곳은 2016년에 공식적으로 명칭이 바뀌기 전까지는 배로Barrow라고 불렸다. 하지만 그해 주민투표에서 주민들이 그 장소의 이름을 원주민 뿌리와 관련된 이름으로 바꾸길 원했기에 지금의 명칭이 됐다.

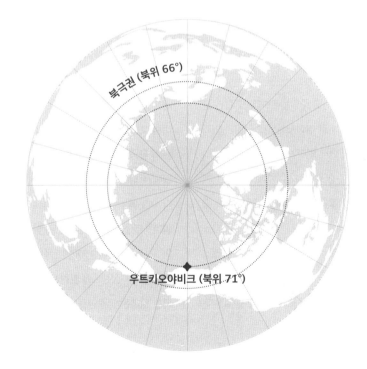

이곳은 북위 71°에 있어서 북극권에 속한다. 지리적으로는 북극에서 단 2000km 떨어져 있다. 이런 극단의 위치를 시각화하는 좋은 방법은 이곳에서 가장 멀리 떨어진 대척점을 살펴보는 것이다. 그 지점은 바로 남극대륙의 중앙에 있고, 노르웨이가 영유권을 주장하는 땅*이다. 또한 우트키오야비크는 수도인 워싱턴 DC(5600km)보다 상트페테르부르크(5100km)나 울란바토르(5200km)와 더 가깝다.

극한 환경에도 불구하고 이곳의 인구는 4000명이 넘는다. 이곳 주민들은 슈퍼마켓, 은행, 우체국, 소방서, 경찰서, 레스토랑 등 다른 작은 도시나 마을과 비슷한 편의시설을 이용할 수 있다. 또한 축구장을 갖춘 학교도 있다. 이 모든 것은 여기가 지구에서 최북단 지역임을 알려준다. 그린란드, 러시아, **스발바르**보다 더 북쪽에 있는 지역에서 사람들이 축구를 한다는 것은 상상하기 어려운 일이다.

이런 편의시설에도 불구하고 주민들은 매우 고립된 생활을 한다. 이곳에서 도시로 이어지는 고속도로가 없기 때문이다. 또한 기온이 너무 낮아서 거의 1년 내내 바다가 얼기 때문에 항해도 할 수 없다. 1년에 딱 한 번, 자동차처럼 아주 무거운 물건을 운반하는 배만 한 척 들어온다.

외부와 유일한 연결 통로는 활주로다. 그곳에서 알래스카의 앵커리지와 페어뱅크스 행 정기 항공편이 출항한다. 음식과 같은 대부분의 보급품은 비행기로 들어온다.

열악한 환경에도 불구하고 이 도시에는 **1500년 전부터 사람이 살았다.** 참고로 사람들이 뉴질랜드를 발견하기 몇 세기 전이다.

그래서 도시 내 물가가 매우 높고, 임금도 높은 편이다. 미국 중위 소득이 연간 6만 달러 정도인데 비해 이곳에서는 8만 달러에 이른다.

이런 고립된 환경에서 그렇게 많은 사람이 무슨 일을 하는지 궁금할 것이다. 그렇다, 이것은 이 책의 거의 모든 장에서 하게 되는 질문이다. 여기서는 석유가 그 답이다. 이곳에는 알래스카 국립 석유 매장지가 있어서 수백 명이 직간접적으로 그것과 관련된 일을 한다.

이 도시에는 이미 1500년 전쯤부터 사람이 살았다. 즉, 사람들이 뉴질랜드를 발견하기 몇 세기 전에 이미 이 열악한 땅에는 정착민들이 있었다. 그 후로 이 지역에 살

---

*   페테르 1세 섬Peter I Island으로 대략 남위 68° 51′에 있다.

상트페테르부르크

5,212KM

울란바토르

5,200KM

워싱턴DC

5,590KM

우트키오야비크

평균 연소득

80,000달러

60,000달러

우트키오야비크

미국

© Michelle Holihan / Shutterstock

게 된 소수 민족은 바로 이누피아트 Iñupiat 다.* 수 세기
동안 그들은 생존을 위해 낚시와 사냥을 했다. 그 대상
에는 이곳에 사는 거대한 고래들도 포함된다. 현재 이누
피아트는 이곳 인구의 60%에 해당한다.

최근 몇 년 동안 이곳에서는 관광산업이 성장했다. 사
람들이 이곳에 매력을 느끼는 가장 큰 요인은 극단적
인 지리적 위치다.

이곳에서 관광객들을 위한 하이라이트는 바로 극지방
의 겨울 밤, 즉 극야極夜이다. 이때 태양은 11월 18일이
나 19일에 지고, 1월 22일이나 23일에 다시 뜬다. 즉,
66일 동안 태양 빛이 비치지 않는다. 그 반대 상황인 백
야白夜는 극야의 정반대 시기에 발생한다. 5월 11일이
나 12일부터는 태양이 절대로 숨지 않다가 80일 후인 8
월 1일이 되어서야 일몰을 볼 수 있다.

이 도시를 방문하고 싶은 관광객은 톱오브더월드 호텔
Top of the World Hotel 에 머물 수 있다. 세계 정상에 근접
해 있음을 드러내는 이름이다. 일반적으로 북쪽은 위쪽
이고, 남쪽은 아래쪽과 관련이 있으니까. 하지만 물론
이것은 자의적인 해석이다.

이미 공포영화 애호가들은 2007년 영화인 〈써티 데이
즈 오브 나이트 30 Days of Night〉 때문에 이곳을 알고 있
을 것이다. 그 영화는 당시 이 도시의 이름이었던 배로
에서 벌어진다.

어쨌든 북부 알래스카는 남부 티에라델푸에고에서 떠

1년에 거의
석 달 동안
해가 지지 않고,
두 달 동안
해가 뜨지 않는다.

난 순례자들을 계속 맞게 될 것이다. 그리고 그 여행을
마친 사람들은 무한한 풍경을 감상한 뒤 몇 가지 공통
점을 발견할 수 있을 것이다. 2015년 영화인 〈레버넌
트: 죽음에서 돌아온 자〉 촬영 과정 역시 그것을 증명한
다. 이 영화는 알래스카와 미국 및 캐나다의 여러 지역,
즉 대륙 북부에서 촬영됐다. 촬영지에서 눈이 사라지고
겨울이 끝나간다는 전망이 이어지자, 멕시코 출신 감
독인 알레한드로 곤살레스 이냐리투 Alejandro González
Iñárritu 는 촬영 장소를 남반구로 옮겼다. 리어나도 디캐
프리오와 동료들도 우수아이아로 이동해야 했다. 물론
그들은 도보가 아닌 비행기로 갔다.

---

* 뉴질랜드 땅에 최초로 도착한 인류는 마오리족으로, 그 시기는 13세기경이다. 뉴질랜드는 지구상에서 선주민이 가장 늦게 도착한 곳 중 하
   나로 알려져 있다. 이누피아트는 우트키오야비크에 사는 이누이트를 가리킨다.

핏케언제도
(영국)

29장

핏케언제도

세계에서
인구가
가장 적은 '나라'?

세계에서 가장 작은
민주 국가지만,
온전한 자치권이 없다

2004년에 처음
감옥이 지어졌고,
성인 남성의 절반이
유죄판결을 받았다

이곳의 정착 이야기는
너무 독특해서 영화로
다섯 번이나 만들어졌다

야기마다 약간의 차이는 있지만, 외딴 섬들의 정착 이야기에는 공통점이 있다. 먼저 주로 16세기나 17세기에 에스파냐와 포르투갈, 영국 선원들이 발견한다. 그다음에는 왕이 권리를 주장하고, 일정 기간 무인 상태를 유지하다가 흥미로운 경제 활동이 이루어진다. 그러면 최종적으로 정착 생활이 시작되어 오늘날까지 유지된다.

하지만 핏케언제도의 경우는 좀 다르다. 이곳에는 독특한 형태로 사람들이 살기 시작했다. 처음 정착한 사람들이 계속 이어진 게 아니다. 수천 년 전 폴리네시아 정착민 흔적이 발견되었지만, 이후에 그들은 이곳을 떠났다. 그리고 지금 주민들의 선조가 몇 세기 전에 도착한 방법은 마치 소설 속 이야기처럼 들린다.

핏케언제도는 남태평양에 있는 작은 섬이다. 면적은 4.6km²로, 다른 나라와 비교하자면 마드리드보다 100배 작고, 상파울루보다 240배 작다. 이곳은 1개의 군도와 3개의 무인도로 이루어졌다.

이곳은 독립 국가가 아니라, 태평양에 남은 마지막 영국 식민지이다.

이곳에서는 50명의 사람이 외부와 고립된 채 살아가고 있다. 참고로 이곳과 가장 가까운 인구 밀집 지역은 480km 떨어진 망가레바Mangareva섬이다. 프랑스령 폴리네시아의 일부인 이 섬의 인구도 1000명 미만이므로 대도시는 아니다.

사람이 좀 더 많은 지역과 비교하자면, 이곳은 라파누이에서 2100km, 뉴질랜드와 남아메리카 해안에서 5000km 떨어져 있다. 너무 외진 곳이라 이곳을 세상에서 가장 접근하기 어려운 곳이라고 생각하는 사람들도 있다. 하지만 이 책에 나온 것처럼 가장 접근하기 어려운 곳은 바로 **트리스탄다쿠냐섬**이다.

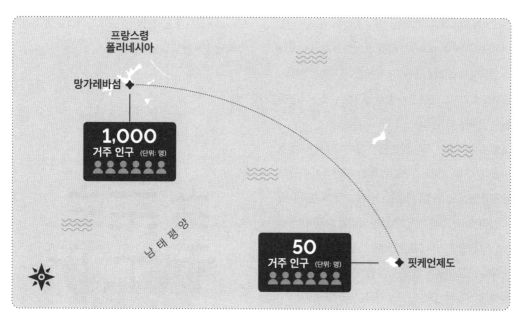

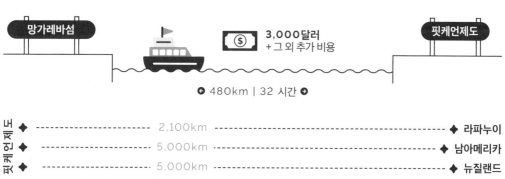

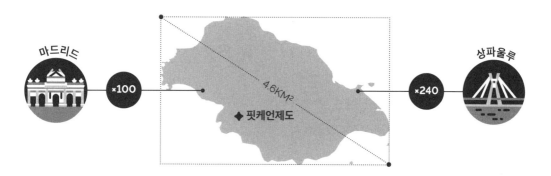

핏케언제도를 이야기할 때는 인구 정착의 시작을 알린 바운티Bounty호 이야기가 빠질 수 없다. 1788년, 이 배는 영국에서 출발해 타히티에 도착했다. 목적은 앤틸리스제도로 가서 그곳에서 식량을 생산할 수 있는 식물들을 수집하는 것이었다.

그렇게 배를 탔던 46명의 선원은 타히티에서 6개월을 보냈다. 다시 앤틸리스제도로 떠날 시간이 다가오자, 낙원에 있는 듯 느꼈던 많은 사람은 그곳에 계속 머물고 싶어 했다. 그러나 선장이었던 윌리엄 블라이William Bligh의 명령에 따라 그들은 배에 오를 수밖에 없었다. 바다로 나갈 마음이 없었던 18명의 선원은 결국 반란을 일으켰다. 이 일의 주동자는 플레처 크리스천Fletcher Christian이었는데, 그는 타히티로 돌아가길 원했다. 결국 윌리엄 블라이는 바운티호를 포기해야 했고, 자신을 따르는 일부 선원들과 함께 놀라운 일을 해냈다. 그들은 작은 배를 타고 47일간 6500km를 여행한 끝에 동티모르에 도착해, 그곳에서 구조되어 영국으로 돌아갔다.

한편 플레처 크리스천이 이끌던 반란군은 낙원의 삶을 되찾고 그들이 정복한 여성들을 다시 만나기 위해 타히티로 돌아갔다. 하지만 얼마 후 영국군의 보복이 두려운 나머지 그곳을 빠져나오기로 했다.

그들 사이에서 의견 차이가 생기면서 원래 반란군 중 9명만이 크리스천과 함께 타히티를 떠났다. 그들은 떠나면서 타히티 여성 13명과 남성 6명을 납치했다. 그리고 마침내 그들은 한 무인도를 발견했다. 그렇다, 핏케언제도로 들어온 것이다. 그들은 육지에 발을 디딘 후에 다소 극단적인 결정을 내렸다. 아무도 그곳을 떠날 수 없도록 바운티호를 불태워버린 것이다. 아직도 이 섬에는 그 배의 잔해가 남아 있다.

35년 동안 바운티호 선원들과 그들이 납치한 사람들은 완전히 고립된 채 살았다. 배가 도착했을 때는 반란 가담자 중 단 한 명, 이 이야기를 들려준 존 애덤스만 생존해 있었다.

© Google Earth

35년 동안 바운티호 선원들과 그들이 납치한 사람들은 완전히 고립된 채 살았다. 1825년 영국 배가 도착했을 때 그곳에는 반란 가담자 중 단 한 명, 이 이야기를 들려준 존 애덤스John Adams만 생존해 있었다. 현재 이곳 주민의 대부분은 바운티호로 왔던 선원들의 후손이다. 영화가 이 놀라운 이야기를 지나칠 리가 없었다. 이 이야기는 다섯 번 이상 대형 스크린에서 상영됐다. 그 영화는 1916년, 1933년, 1935년, 1962년(말론 브랜도와 함께), 1985년(앤서니 홉킨스와 멜 깁슨 주연)에 제작됐다. 다시 핏케언제도 이야기로 돌아가서, 이곳은 1838년 세계 최초로 여성 참정권이 남성 참정권과 동등하게 승인된 곳이다. 당시 그곳은 오늘날과 마찬가지로 영국의 지배를 받고 있었다.

현재 이곳에는 행정적으로 헨더슨섬Henderson Island, 듀시섬Ducie Island, 오이노섬Oeno island 등 세 섬이 포함되어 있지만 사람이 사는 곳은 핏케언제도뿐이다. 유엔의 기준에 따르면, 이곳은 여전히 존재하는 17개 식민지 중 하나다. 완전한 독립국이 아니기 때문에 세계에서 가장 인구가 적은 나라라는 기록에 의문을 제기하는 이들도 있다. 그렇다. 이곳은 행정구역 가운데서 가장 인구가 적은 곳이다. 만일 언젠가 이곳이 독립하게 된다면, 그것은 지구상에서만이 아니라 역사상으로도 가장 인구가 적은 나라가 될 것이다. 이는 디에고 곤살레스Diego González가 그가 운영하는 '프론테라 블로그Fronteras Blog'에서 말했던 내용이다. 참고로 이 블로그는 지리에 호기심이 많은 분들께 추천한다.

매년 핏케언제도에서는 지방선거가 열린다. 그래서 이곳을 세계에서 가장 작은 민주 국가라고 생각할 수도 있다. 하지만 우리가 보았듯이, 이곳은 완전한 자치권은 갖지 못한 영토다.

이 섬에는 낙원 같은 풍경 이면에 매우 어두운 역사가 숨겨져 있다. 2004년 당시 이 섬에 거주하던 성인 남성 12명 중 6명이 성범죄로 유죄판결을 받은 사건이 있었기 때문이다. 그들은 아동학대로 유죄판결을 받았다. 그 사건에 대한 섬 주민들의 의견이 엇갈린바, 몇몇 주민들은 대상이 12~15세 소녀이긴 했어도 죄수들의 행동은 그 장소 및 문화에 부합한 것이라고 주장했다. 당시 재판은 영국 관할이었다. 지역 보도에 따르면, 몇몇 주민은 대도시 출신의 판사가 현지 사정을 모르고 판결했다며 승복하지 않았다.

이는 문화 상대주의적 관점에 대한 강력한 반발을 일으킬 수 있는 사례다. 자신들의 관습에 뿌리를 둔 관행이라는 이유로 아동학대자들을 두둔해도 되는 걸까? 물론 사회마다 다른 가치가 존재할 수 있다는 것은 이해하나 우리 관점으로는 그 개념을 지지하기가 매우 어렵다.

그들에게 선고된 형량은 2년에서 6년 사이였는데, 지금은 모두 자유의 몸이 됐다. 하지만 당시 그곳에는 감옥이 없었기 때문에 새로 지어야 했다.

그 일이 일어난 이후 정부는 그 섬의 인구 감소를 우려해 이미지 개선 및 이민 우대 캠페인을 벌였다. 그들은 지역 사회에 이바지할 수 있는 외국인을 초대하고 정착할 땅을 제공한다.

현재 이곳의 가장 큰 경제 활동은 관광이다. 하지만 모두를 위한 곳은 아니기 때문에, 매년 약 100명만 이곳을 찾는다. 그곳에 가려면 대담한 모험 정신, 그리고 멀리 떨어져 있으므로 며칠의 시간이 필요하다.

이곳에 가는 방법은 몇 가지가 있다. 방법에 따라서 더 쉽게 갈 수도 있고, 비용이 더 들 수도 있다. 이 섬은 지형이 좋지 않아서 비행기와 헬리콥터는 착륙할 수가 없다. 대부분 바닥이 너무 울퉁불퉁해서 바운티만Bounty

1838년에 핏케언제도는 여성 참정권이 남성 참정권과 동일하게 승인된 세계 최초의 장소가 됐다.

Bay을 통해 배로만 들어갈 수 있다.

첫 번째 방법은 비행기를 타고 바운티호가 도착했던 장소인 타히티의 수도, 파페에테까지 가는 것이다. 그곳에서 프랑스령 폴리네시아 내 망가레바행 비행기로 갈아타야 하고, 나머지 480km는 배로 이동해야 한다.

이 모든 경로는 총 32시간쯤 소요된다. 단번에 가는 배는 없으며, 이 교통편의 이용 가능 여부는 섬의 관광 웹사이트(visitpitcairn.pn)에 정기적으로 게시된다.

이곳은 저렴하게 갈 수 있는 여행지가 아니다. 예를 들어 망가레바에서 핏케언제도까지 교통편을 포함한 비용은 3000달러 정도가 든다. 거기에 추가 비용도 생각해야 한다. 호텔이 없어 주민 집에 머물러야 하기 때문이다. 숙박비로 1인당 하루에 최소 100달러가 든다.

이 군도의 헨더슨섬, 듀시섬, 오이노섬 방문을 포함하는 더 비싼 관광도 있다. 마지막 세 번째는 크루즈 여행이다. 대부분이 남아메리카에서 출발하지만 가격은 훨씬 더 비싸다.

이곳을 방문한 사람들이 세상으로부터 고립되었다는 느낌만 받는 건 아니다. 크리스천 동굴Christian's Cave*이나 암석 지형에 수정처럼 맑은 물이 담긴 세인트폴스풀Saint Paul's Pool에도 가볼 수 있다. 또한 이곳은 천체 사진 애호가들에게는 더할 나위 없이 좋은 장소다. 가장 어두운 밤하늘을 볼 수 있는 특별한 장소라서 별들을 제대로 감상할 수 있기 때문이다.

이 섬은 틀에 박히지 않은 곳을 좋아하고 지갑 사정이 넉넉한 사람들을 위한 여행지가 될 수 있다. 이곳으로 이주하고 싶은 유혹을 느끼는 사람들이라면 지리적 조건에다 고립 상황도 주의해야 한다. 이곳에는 3개월마다 뉴질랜드에서 물품을 실어 나르는 배가 도착한다. 의학적 치료가 필요한 경우에는 이 배를 타는 게 가장 좋은 선택이기 때문에, 돌아올 때까지 3개월을 기다려야 한다.

물론 치과 진료 같은 간단한 문제는 타히티에서 해결할 수도 있다. 이 경우라면 세계에서 가장 인구가 적은 '나라'(?)인 핏케언제도로 돌아가는 데 2주 정도밖에 안 걸릴 것이다.

---

*   바운티호의 반란을 일으킨 플레처 크리스천이 살았다고 해서 붙여진 이름이다.

페르난두지노로냐
(브라질)

북
서 동
남

30장

페르난두지노로냐

탄생이 금지된 섬

**세계 최고의
해변들**

**개인 소유 토지가
없다**

**원주민이
사라질 군도**

라질이 남아메리카에서 최고의 해변을 가지려고 경쟁한다는 사실은 별로 새로운 소식이 아니다. 지구상에서 다섯 번째로 큰 이 나라에는 수천 킬로미터의 해안선과 백사장, 따뜻한 물이 있다. 프랑스령 기아나와 국경에 있는 오이아포키Oiapoque 강어귀에서 우루과이에서 몇 미터 떨어진 바라델추이Barra del Chuy까지 거의 7500km에 걸쳐 수천 개의 해변이 늘어서 있다. 육지에서만이 아니라 많은 섬에서도 수영을 즐길 수 있는데, 그 가운데 매우 특별한 섬이 있다.

대서양에 있는 페르난두지노로냐는 같은 이름의 군도 안에 포함된 섬 이름이다. 그곳은 페르남부쿠주에 속하고, 나탈시 근처의 해안으로부터 360km 떨어져 있다. 이런 정보는 나라의 규모를 파악하는 데 매우 유용할 수 있다. 이곳은 브라질보다 라이베리아*에 더 가깝다. 즉, 이 군도는 아프리카 해안에서 2600km, 페루와의 국경

브라질 축구 선수 네이마르가 이 섬을 정기적으로 방문한다.

에 있는 브라질 최서단 지점에서 4600km 떨어져 있다. 총 21개의 섬으로 이루어졌지만, 가장 큰 섬에만 사람이 산다. 총면적은 26km²로 모나코의 13배, **라파누이**의 6분의 1에 해당한다. 이 섬의 인구는 약 3000명이다. 이곳의 주요 경제 활동이 관광이라는 사실에는 아무도 놀라지 않을 것이다. 세계 최고의 해변들이 있기 때문이다. 실제로 바이아두산초Baia do Sancho 해변은 '트립어드바이저TripAdvisor'에서 전 세계 최고의 장소로 한 번 이상 선정했다. 모래사장과 태양, 다이빙을 좋아하는 사람이라면 누구나 이곳에 가보고 싶을 것이다.

페르난두지노로냐는 브라질 북동쪽에 있는 레시페나

---

*   서아프리카 대서양 연안에 있는 공화국.

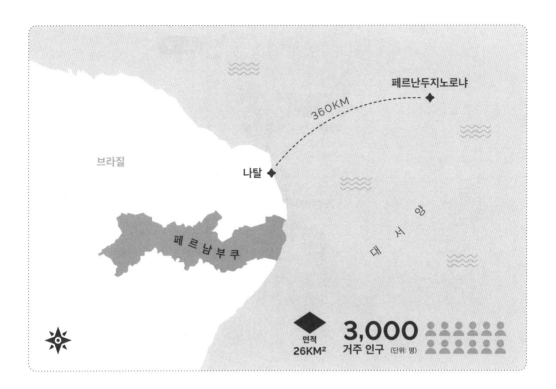

브라질

360KM

페르난두지노로냐

나탈

페르남부쿠

대서양

면적
26KM²

거주 인구 (단위: 명)
3,000

나탈 시에서 비행기로 들어갈 수 있다. 비용이 많이 든다는 사실을 명심하자. 섬 안에서의 숙박비와 그 외 필수품 비용이 상당히 비싸다.

게다가 여행 예산에는 두 가지 수수료도 포함해야 한다. 하나는 국립해양공원Parque Nacional Marinho에 갈 수 있는 허가증으로, 이것을 소지하면 여러 해변에 갈 수 있다. 그 비용은 40달러로 10일 동안 사용할 수 있다. 또 다른 하나는 환경보전 비용으로 하루에 15달러가 든다. 그러나 한 달간 머물려면 1000달러를 내야 한다. 사람들이 너무 오래 머무르는 것을 막으려는 조치다. 만일 그곳에 갈 수 있고 비용도 감당할 수 있다면 네이

마르처럼 이 풍경을 즐길 수 있을 것이다. 이 브라질 축구 선수는 이 섬에 매료된 나머지 정기적으로 방문한다. 역사를 살펴보면 이곳은 남아메리카에서 유럽인들이 처음 도착한 곳 중 하나다. 이미 1502년에 항해사들이 만든 지도에도 나타났다. 그 후에 포르투갈이 지배했고, 그다음에 무슨 일이 벌어졌는지는 충분히 예상이 갈 것이다. 어떻게 이렇게 본토에서 멀리 떨어진 섬에 많은 사람이 살게 된 걸까? 맞다, 이곳에 감옥이 지어졌다. 게다가 이곳은 일시적으로 사용된 감옥이 아니라 2세기 이상 지속됐다. 감옥은 1739년에서 1957년까지 사용되었는데, 수천 명을 동시에 수감했다.

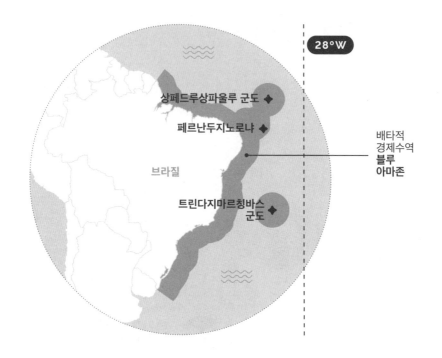

제2차 세계 대전 기간에 이 섬은 중요한 역할을 했다. 브라질은 1942년부터 동맹국 편에 섰기 때문에 페르난두지노로냐 공군 기지는 미국이 사용하도록 양도됐다. 이탈리아 침공에 참여한 브라질군의 기지로도 사용되었다.

최근 몇 년 동안 이 군도는 이 같은 역사나 아름다운 해변이 아닌, 그리 원치 않는 이유로 세상에 알려지게 됐다. 2009년 6월 1일, 에어프랑스 447편이 리우데자네이루를 떠나 파리로 향했다. 하지만 그들은 목적지에 도착하지 못했다. 악천후와 비행기 고장, 조종사의 무능력이라는 치명적인 조합으로 이루어진 결과였다. 조사 결과, 비행기가 바다와 정면으로 충돌해 228명 중 아무도

살아남지 못했다.

마지막 레이더 접촉은 정확하게 페르난두지노로냐에서 이루어졌다. 비행기가 사라진 뒤 그곳에서 수색 작업이 개시된 이유다. 며칠 동안 그 섬은 세계 뉴스의 진원지가 됐다. 수색기가 도착해 그 지역을 순찰했다.

참사 닷새 뒤인 6월 6일, 마침내 공해상에서 비행기 잔해가 발견됐다. 그곳은 실제로 페르난두지노로냐와 가깝지 않았고, 오히려 상페드루상파울루 군도 Arquipélago de São Pedro e São Paulo 와 가까웠다.

우리는 지금 바다 한복판의 극히 고립된 장소에 관해 이야기하고 있다. 이곳은 큰 파도에다 심지어 지진까지 일어나는 작은 섬들의 집합체다. 이곳은 브라질 본토 해안

으로부터 1000km 이상, 기니로부터는 2000km 미만 거리에 있다. 그래서 남아메리카 지역 중 아프리카대륙과 가장 가까운 곳으로 여겨진다.

이곳에는 원주민이 살지 않고* 연구원 네 명이 거주하는 과학 기지만 있다. 이 기지 덕분에 브라질은 대서양 한가운데 광대한 배타적 경제수역을 주장할 수 있게 됐다. 해양에서 이 나라는 존재감이 매우 크기 때문에 광활한 열대우림 지역과 비교해서 '블루 아마존'으로 불린다.

상페드루상파울루 군도 외에 브라질의 배타적 경제수역을 확장하는 또 다른 고립된 곳은 트린다지마르칭바스 군도다. 트린다지섬과 마르칭바스제도는 서로 47km 떨어져 있다. 트린다지마르칭바스 군도는 서경 28도 부근인 남아메리카대륙의 최동단에 있다. 이 선은 포르투갈의 아소르스제도Azores islands도 지나지만 트린다지마르칭바스 군도는 그곳에서 남쪽으로 거의 6500km 떨어져 있다.

마르칭바스섬에는 사람이 살지 않지만, 트린다지섬에는 사람이 산다. 그곳에는 브라질 해군의 해양 초소와 그 나라에서 온 군인 수십 명이 있다.

다시 페르난두지노로냐로 돌아가서, 이곳에는 눈에 띄는 국가 통제가 있다. 예를 들어 이곳에는 개인 토지 소유권이 없다. 사람들은 집을 지을 수 있는 토지를 99년 동안 받고, 후손들에게 물려줄 수도 있다. 주민들은 이런 땅을 가지고 있지만 판매하거나 거래할 수는 없다.

이렇게 통제하는 이유는 부동산 투기를 막고 지역 주민들을 위한 장소를 보호하기 위해서다. 실제로 외부인이 이 섬에 가서 살려면 고용계약을 맺거나 현지인과 결혼을 해야 한다.

더 이상한 점이 있는데, 아직도 이 군도에서는 출산할 수가 없다. 금세기 초에 유일하게 남아 있던 산부인과 병원을 폐쇄하기로 했기 때문이다. 매년 고작 수십 명이 태어날 뿐이라 높은 병원 유지 비용을 감당할 수 없다는 이유였다.

따라서 임신 34주가 지난 모든 여성은 출산을 위해 육지로 나가야 한다. 법적으로 출산이 금지된 것은 아니지만, 분만실이 없어 안전하게 출산할 수 없기 때문이다. 지명의 뜻으로만 봐도 나탈**에서 아이를 낳는 게 훨씬 좋을 것 같다.

그럼에도 불구하고 2018년에 이 섬에서 아이가 태어났다. 이것은 12년 만에 처음 일어난 사건이었다. 산모는 진통을 겪고 아기를 낳을 때까지 자신이 임신한 줄 몰랐다고 주장했다. 이 결과 이곳의 이상한 무無출산 기록이 깨지게 됐다.

어쩌면 몇 년 내에는 이 섬을 원주민이 없는 섬이라고 부르게 될지도 모른다. 이곳은 브라질의 해안선이 수천 킬로미터나 되지만, 최고의 해변은 본토에서 수백 킬로미터 떨어진 섬이라는 사실을 상기시킨다.

---

*   거주 인구 3000명은 대부분 섬 내에 거주하는 브라질인과 관광객이다.

**   브라질 동북부 히우그란지두노르치주의 주도로, 나탈Natal은 '출생의' '출생지의'라는 뜻이다.

참고 자료

앞선 30개의 장을 통해 우리는 설명하기 힘든 독특한 장소로 상상의 여행을 떠날 수 있었다. 하나하나 알아가다 보면 만족감이 생길 뿐만 아니라, 지구에 대한 호기심이 더 생길 것이다. 이번에는 그런 특별한 장소를 알 수 있게 도와준 참고 자료를 알아보고, 동시에 더 많은 특이한 장소들에 목말라 하는 사람들을 위해 다른 자료들도 소개할 것이다.

먼저 우리는 디에고 곤살레스Diego González의 '프론테라(국경) 블로그Fronteras Blog'를 통해 수많은 새로운 장소를 알게 됐다. 또한 지정학에 관심이 있는 분들께는 추천하고 싶은 재미있는 책 두 권이 있다. 먼저 로버트 캐플란Robert Kaplan의 《지리의 복수Geography's Revenge》는 매력적일 뿐만 아니라 꼭 필요한 책으로, 세계의 각 지역을 더 잘 이해하는 데 도움이 될 것이다. 팀 마셜Tim Marshall의 《지리의 힘 Prisoners of Geography》도 지구의 특별한 곳곳에 동행해줄 것이다.

우리가 유튜브로 이 일을 시작할 때 모델로 삼고 매일 살펴본 여러 채널이 있다. 그중 몇 개를 소개하자면, 〈브이소스 Vsauce〉〈리얼 라이프 로어 Real Life Lore〉〈웬도버 프로덕션 Wendover Productions〉〈지오그래피 나우 Geography Now〉〈한눈에 보는 세상 Kurzgesagt– In a Nutshell〉 등이다.

복스Vox 사의, 특히 〈익스플레인 Explained〉 시리즈도 추천한다. 시랜드 장에서 언급한 〈로즈 아일랜드 공화국 Rose Island〉이라는 영화도 다시 한번 추천한다.

특히 구글에 대한 감사는 해도 해도 끝이 없을 것 같다. 구글 어스와 구글 지도를 찾아보며 많은 시간을 보냈다.

우리가 자주 사용했던 웹사이트도 있다. 특히 다른 위도에 있는 국가의 크기를 비교할 수 있는 thetruesize.com과 지구상의 두 지점 사이의 거리를 알 수 있는 distance.to를 많이 이용했다. 놀라운 장소를 알려준 사이트로는 〈비즈니스 인사이더 Business Insider〉〈뉴욕타임스 The New York Times〉〈아틀라스 옵스큐라 Atlas Obscura〉〈헤오그라피아 인피니타 Geografía Infinita〉〈가토파르도 Gatopardo〉〈비비씨 문도 BBC Mundo〉〈어뮤징 플래닛 Amusing Planet〉 등이 있다.

더불어 오메르 프레이사, 산티아고 릴로, 안드레스 보렌스테인, 파비오 케트글라스를 비롯한 많은 분이 아이디어를 제공해주고, 참고 자료로 도움을 주었다. 협력에 감사드린다. 마지막으로 놀라운 통찰력으로 이 책의 내용에 대한 제안을 아끼지 않고, 정확하게 수정해준 델피나 크루세만에게 특별한 감사를 드린다.